呼啸的天空

当代顶级战机发展史

The Encyclopedia of Modern Military Jets

［英］罗伯特·杰克逊 著

李金梅 译

中国市场出版社
China Market Press

图书在版编目（CIP）数据

呼啸的天空：当代顶级战机发展史 /（英）杰克逊著；李金梅译. -- 北京：中国市场出版社, 2015.8

书名原文：The encyclopedia of modern military jets

ISBN 978-7-5092-1352-0

Ⅰ.①呼… Ⅱ.①杰…②李… Ⅲ.①歼击机—历史—世界 Ⅳ.①E926.31

中国版本图书馆CIP数据核字（2015）第038474号

著作权合同登记号：图字 01-2015-0309

出版发行	中国市场出版社	
社　　址	北京月坛北小街 2 号院 3 号楼　　**邮政编码**　　100837	
电　　话	编 辑 部（010）68034190　　读者服务部（010）68022950	
	发 行 部（010）68021338　　68020340　　68053489	
	68024335　　68033577　　68033539	
	总 编 室（010）68020336	
	盗版举报（010）68020336	
邮　　箱	1252625925@qq.com	
经　　销	新华书店	
印　　刷	北京市艺辉印刷有限公司	
规　　格	170 毫米 ×230 毫米　16 开本	**版　次**　2015 年 8 月第 1 版
印　　张	14	**印　次**　2015 年 8 月第 1 次印刷
字　　数	280 千字	**定　价**　66.00 元

版权所有　侵权必究　　印装差错　负责调换

目 录
CONTENTS

上图：站在航空技术的最前沿，F-22"猛禽"无疑是世界上最先进的战斗机。但国会提出质疑：在美国没有面临高技术威胁的时候，研制这么昂贵的飞机是否明智。

1 引言

尽管喷气发动机技术的先行者弗兰克·惠特尔是英国人，但第一次成功制造出涡轮喷气战斗机的却是德国人。

德国亨克尔 He178 最初的研制目的是实验平台，但是最终却铭记于涡轮喷气机的史册——1939 年 8 月 27 日，弗吕格卡皮坦·埃里希·瓦西茨驾驶着世界上第一架喷气动力飞机起飞，绕着亨克尔公司在罗斯托克附近的曼瑞纳亨工厂飞行一圈后安全降落。He178 与 He176 火箭动力飞机平台研发是一次个人冒险。尽管当年 10 月，He178 在德国空军部的高级官员面前展示，但官方对它并不感兴趣。而且，He178 机身安装的喷气发动机存在着很多技术问题，所以 He178 最终被放弃。取代它的是两机翼下挂载一对喷气发动机的亨克尔 He280，该机首飞时间是 1941 年 4 月 2 日——比英国第一架喷气式飞机格罗斯特/惠特尔 E28/39 的首飞时间要早 6 个星期。

第二次世界大战期间，英国和美国的喷气发动机技术发展很缓慢，主要是因为盟国的飞机制造厂正在全力制造以现成的活塞式发动机为动力的各种新型作战飞机。到了 1943 年，德国投入大量精力研制喷气式飞机，其主要原因有两个：第一，德国需要一种新式战斗机，以突破日益强大的盟军战斗机护航编队，攻击美国昼间轰炸机编队；第二，德国需要一种快速轰炸机/侦察机，依靠速度和飞行高度优势，突破盟军的空中拦截。因为，1944 年年初，这种需求变得更为迫切。当时纳粹德国残存的轰炸机部队对英国进行的"小规模突击"时损失惨重，对不列颠群岛进行的空中侦察几乎全被盟军有效的防空力量拦截了。这些需求的结果有两个，一是梅塞施密特 Me262 战斗机/攻击机（取代了He280），二是阿拉德 Ar234 轰炸机/侦察机。这两种飞机于 1944 年夏天开始服役，英国第一种喷气式战斗机——格洛斯特公司的"流星"战斗机也是如此。

第二次世界大战结束后，战略轰炸

机的威力和威胁导致喷气式战斗机快速发展。由于冶金技术的进步，喷气式发动机比第二次世界大战期间更为可靠和强劲。

喷气时代见证了纯粹截击机的重生，美国的F-86"佩刀"、苏联的米格-15和英国霍克的"猎手"等飞机都是高速的火炮平台，它们的首要目的是爬升的足够快、飞的足够高，摧毁敌人的战略轰炸机。但是这种任务需要在全天时全天候下执行，而这又推动了"武器系统"的进步——机身、发动机、武器、火控系统和航电设备的全面综合。其早期代

表有诺斯罗普的F-89"蝎子"，洛克希德的F-94"星火"和格洛斯特的"标枪"。

20世纪50年代中期，新的空战概念诞生，部分原因在于朝鲜战争的经验教训，部分原因在于研制新式作战飞机的成本急剧升高。这促成了许多成功型号的出现，如美国麦克唐纳的F-4"鬼怪"和法国达索的"幻影"家族，它们的机身／发动机的最初设计目标就是支持长期发展，以适应各种作战需要。新式复杂空中武器系统的研发成本很高，也使得国际合作达到了前所未有的规模，脑力、技术和财政资源的汇集孕育出先进多功能的军用飞机，如帕那维亚"狂风"和欧洲战斗机"台风"。

成功与失败

1945年以后，军用喷气式飞机领域内的成功者可以列出很长的名单。英国"堪培拉"和美国B-52的长寿无人能及，它们的原型机半个世纪以前首飞，至今仍服役在第一线；俄罗斯米格-15的巨大产量至今无法超越，它的产量超过任何一种作战飞机。这个名单中还要加上出口业绩优秀的法国军用飞机工业，它极大地维护了法国机械制造业的优良传统，并为其披上了亮丽的外衣。

上图：为了替换美国海军和海军陆战队的A-7"海盗"Ⅱ而设计的F/A-18"大黄蜂"，它经历了实战检验，获得了大量的出口订单。海外客户有加拿大、芬兰、科威特和瑞士。

除了成功者，也必须衡量失败者，有的是因为政策的变化，有的是因为成本高昂，有的是因为政治误解——或三者皆而有之。1957年的《英国国防白皮书》就包含了重大的政治误解——声称逐步淘汰有人驾驶的飞机，代之以导弹，敲响了20世纪60年代英国多项飞机计划的丧钟。但是它们对英国航空工业的影响和破坏力还远不及后来TSR-2的取消——造成了近20年的空白，直至"狂风"服役也没有完全弥补。美国和苏联也有自己的问题，但是与经济实力较弱的国家相比，这两个超级大国的预算能够承担先进飞机计划取消的后果。美国也差点跌入"导弹化"的陷阱——当时他们取消了罗克韦尔的可变翼B-1，转而开发巡航导弹，直到下一届政府看到了这一计划的亮点，用B-1B计划使其复活。很多时候，俄国人似乎在国防需求方面更为精明。由于没有航空母舰，他们研发了图波列夫的图-22M"逆火"超音速轰炸机，通过空中加油它们可以将俄国本土以外几千千米的目标纳入自己的攻击圈。

军用飞机设计重新回归专业化。第二次世界大战期间，德国人设计的重装甲亨塞尔Hs129专门攻击坦克，它的现代对应者是费尔柴尔德·共和A-10"雷电"Ⅱ。1940年的"喷火"、"飓风"和Bf109都是现在俗称的空优战斗机，70年代这种类型也回归了，如麦克唐纳·道格拉斯的F-15"鹰"和米高扬的米格-29。历史的车轮转了一整圈。

1945年以来军用飞机的设计经历了巨大的技术进步，达到了新的高度，如垂直／短距起降的"鹞"、F-117隐形飞机和F-22"猛禽"，"猛禽"集中了现代航空技术的所有特点。同时这也是个妥协的过程，有时不得不取消更先进的计划，转而对现有设计进行升级来弥补空白，通常是因为居高不下的成本。

21世纪军用飞机的设计方向已经很明显了。现在，侦察机已经可以通过地面远程控制来操纵；不久的将来，远程控制的攻击机也将投入使用。第一次世界大战期间，战斗机用来攻击侦察机，未来远程控制的截击机也将攻击远程遥控的无人侦察机。机器人战争不再是科学幻想。它即将发生在此时、此地。

轮回

随着"逆火"等飞机的部署，世界

上图：一架洛克韦尔公司的B-1B"枪骑兵"在完成远程沙漠突袭后快速爬升。B-1B是一种生存能力非常强的飞机，卡特政府曾将B-1B计划取消，里根总统使其重生。

2 美国

冷战初期，英国在追求独立的国防工业的路线上浪费了大量的时间和精力；美国走的也是这条路，结果却大不相同。1946年，美国开始在加利福尼亚州的一个巨大的干湖——慕洛克，建造研究和开发设施。

1958年慕洛克改称爱德华兹空军基地。慕洛克紧跟喷气革命的脚步，为突破音障做出了巨大贡献。将空气动力学研究和飞行试验集中于慕洛克一处，使得此后20年美国研制出了一系列优秀的作战飞机，也使美国在飞机制造领域遥遥领先于其他国家。慕洛克／爱德华兹基地的研究工作孕育出了速度超过两马赫的新一代作战飞机，美国海军空军的前线中队在1960年前就装备了这些飞机。直到20世纪80年代苏联研制出先进的空优战斗机以前，美国从未丢失空中优势。

在危险的60年代，强大的波音B-52是美国攻击力量的象征。距离B-52原型机首飞已有半个世纪，可它仍然在一线部队服役——恐怕当初谁也不会想到这一点。自从1955年在美国空军战略空军司令部（SAC）服役后，它就一直是西方战略轰炸机部队的中坚力量，它几乎经历了整个冷战时代。此外，B-52经历了各种技术升级与作战需求变化，以保证战略轰炸机在极度敌对的环境中生存——尤其是在精密的地对空导弹的威胁下。

上图：1976 年 11 月，一架 B-52D "同温层堡垒"完成新型机载报警与控制系统（AWACS）测试后，准备在加利福尼亚州三月空军基地降落。这种 AWACS 系统可以探测各种高度上的拦截战斗机。

波音 B-52 "同温层堡垒"

B-52 是美国陆军航空队的产物，研制计划始于 1946 年 4 月，战略空军司令部需要一种全新的喷气式重型轰炸机替换康维尔公司的 B-36。两架原型机的合同签订于 1949 年 9 月，安装 8 台普拉特·惠特尼公司 J57-P-3 涡喷发动机的

右图：时至今日，B-52H 轰炸机在美国空军空战司令部中的地位依然举足轻重。空战司令部是由战术空中司令部和战略空中司令部合并而来，有大约 84 架该型轰炸机随时准备奔赴前沿执行任务。与此同时，美国空军预备役司令部、空军测试中心和美国宇航局也拥有一些 B-52H 轰炸机。

右图：作为 XB-52 的改进机型，YB-52 只用了 5 个月就升空飞行。在 1952 年进行的首次试飞中，YB-52 持续飞行 3 小时，受到试飞员们的交口称赞，当时飞机采用了纵列式设计。在当时，B-52 轰炸机经受了最严格的飞机测试，大约 3 年后正式进入美国空军服役。

下图：作为B-52轰炸机的第八种生产机型，H型将会服役到2030年。与其他型号的轰炸机相比，B-52H的强项在于能够携带的武器种类更广。

上图：B-52H携弹能力相比早期的机型有差距，这并不是它的设计初衷。尽管如此，它依然可以携带51枚227千克的Mk82A或Mk82SE型炸弹。

YB-52首飞于1952年4月15日。1952年10月2日，XB-52首飞，采用的发动机与YB-52相同。继两架原型机之后的是3架B-52A，第一架首飞于1954年8月5日。这些飞机经过了大量改进，用于各种测试——当加利福尼亚州古堡空军基地的SAC第93轰炸机联队接收第一架生产型B-52B时，这些测试仍在进行。SAC共购买了50架B-52B（其中10架是第一批13架B-52A中的后10架，后来被改进为B-52B），之后这条生产线又制造了35架B-52C。B-52生产线后来转移到了威奇塔，并开始制造B-52D，第一架B-52D于1956年5月14日首飞，共制造了170架。B-52E

上图：B-52B型轰炸机其实是B-52A型大量生产的版本，尽管升级了发动机，但在外表上和前任机型没有区别。1957年1月18日，3架B-52B型轰炸机完成了45小时18分钟不间断环球飞行。

本页大图：1951年11月29日晚，首架XB-52型机出厂。出于保密的考虑，飞机身披防水帆布。这两架B-52原型机与后续机型的区别在于纵列式座舱，也没有配备机尾武器。

左图：大航程是B-52轰炸机的一个最突出的特征，有了KC-135R空中加油机以后，这一特点得以进一步放大。海湾战争期间，7架B-52G轰炸机从美国起飞，抵达沙特阿拉伯上空之后再次返回，整个航程达14000英里，合22530千米，耗时35小时20分钟，成为航空史上航程最长的一次战斗任务。

B-52D"同温层堡垒"由于航程远、载油量大、载弹量大，因此被用于越南的轰炸行动。B-52中队驻扎在太平洋关岛，在对河内地区的轰炸行动中遭受了巨大损失。

制造了 100 架，B-52F 制造了 89 架，B-52G 是主要的生产型号。

B-52G 是第一种携带远程防区外发射空对地导弹——北美公司的 GAM-77/AGM-28 "猎犬" 的飞机，这套系统能够提高轰炸机的生存几率。该导弹可以携带百万吨当量的核弹头；根据任务类型，射程在 926 千米至 1297 千米；能够在下至树梢、上至 16775 米高空范围内，速度达 2.1 马赫的情况下发射。所有的 B-52G 及之后的 B-52H 都可以在两个机翼下各挂载一枚 "猎犬"。在 B-52 起飞时，"猎犬" 导弹的发动机也点火，B-52 俨然成为一架有 10 台发动机的飞

下图：RB-52B 战略轰炸机具备电子侦察和轰炸能力，并且有条件在炸弹舱内安装可拆卸的双人密封舱，使飞机可以携带视频采集设备或电子对抗设备。同时，也可以替换携带一般弹药。

下图：美军3架B-52轰炸机在成功完成首次环球飞行后，降落在加利福尼亚马奇空军基地（原定降落地点是加利福尼亚州卡斯尔空军基地，但因天气恶劣无法降落），这次飞行平均时速达到了530英里，合每小时853千米。

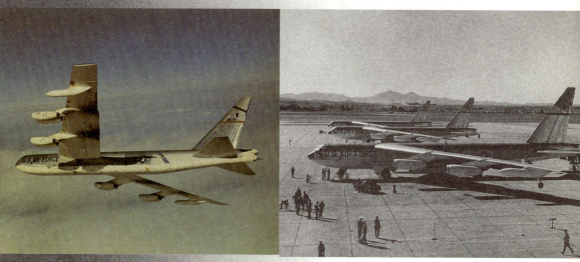

机。起飞之后，导弹发动机熄火，B-52
再将导弹的燃料注满。在其 1962 年的巅
峰时期，战略空军司令部库存的"猎犬"
达 592 枚，这也证明了"猎犬"的效能。
"猎犬"在一线作战部队服役至 1976 年。
B-52G 的生产数量达 193 架，其中 173
架在 20 世纪 80 年代进行了改装，以携
带 12 枚波音公司的 AGM-86B 空射巡
航导弹（ALCM）。B-52H 是最后一种
改型，原计划携带"天弩"空射型中程
弹道导弹（IRBM），但由于该导弹被取
消，因此转而携带"猎犬"。B-52 还可
以携带波音公司的 AGM-69 近程攻击导
弹（SRAM）。1972 年 3 月 4 日，第一
枚 AGM-69 交付缅因州洛灵空军基地的
第 42 轰炸机联队。B-52 可以携带 20 枚

上图：作为 RB-52B 型机的改进型，B-52C 型机使用了
3000 加仑容量的副油箱，使得飞行航程大幅度提升，燃油
总量也达到了 41700 加仑。B-52C 型机也是第一种在机腹
使用白色热反射漆的机型。

AGM-69，其中 12 枚位于 3 联装翼下挂
架，8 枚位于尾部的炸弹舱，炸弹舱中还
装有 4 枚氢弹。

　　B-52 担当西方空中核威慑力量的
中流砥柱长达 30 年，但它也能够执行常
规任务，它曾参加过越南战争和 1991 年
的海湾战争，也为北约在南斯拉夫的作
战行动和阿富汗的反恐行动提供了空中
支援。在越南的"后卫 II"轰炸行动中，
B-52 共出击 729 架次；这次行动共投
掷了 20370 吨炸弹，其中 15000 吨以上
是由 B-52 投掷的。15 架 B-52 被萨姆

下图："天空闪电"是美国空军第一种空中发射弹道导弹，于1961年1月21日进行首次试射。然而，没过多久，这种超音速核导弹被"猎犬"导弹取代。

导弹击落，9 架被击伤。B–52 攻击了 34 个目标，1500 名平民被炸死。在被击落的 B–52 轰炸机的 92 名机组成员中，26 人被救援队救回，29 人列入失踪名单，33 人被北越俘虏后最终获得遣返。基于越南战争中的损失，B–52 经过了大规模升级，安装了先进的防御性航电设备。

右图：美国空军总共接收了3架B–52A型轰炸机，这是其中的一架，其后不久便开始投产B–52B型机。不远处则是B–52A型机的前身机型B–47型。B–52A型机的造价达到了惊人的2900万美元，但公平地讲，作为实验机型，其中包含了大量的研发费用。这些飞机从来未能达到具备实战能力的阶段。

右图："猎犬"是美国空军轰炸机装备的第一种巡航导弹，它极大地强化了飞机的空战能力，使B–52型机能够同时攻击3个目标。

B-52H采用了与B-52G相同的短垂尾。在结构上，后倾35度角，机翼和水平尾翼后掠角也是35度。安装了全高方向舵；整个垂尾都铰接于根部，可以折叠，便于维护或存储于低矮的机库。

B-52的大翼下垂，满载炸弹时，机翼几乎触及地面；翼尖安装了支架，能避免机翼触及地面，又增加了起飞和降落时的稳定性。主起落架位于机身下方。

B-52H与其他型号"同温层堡垒"有一个不同之处——用普拉特·惠特尼公司的TF33涡扇发动机替换了原来的J57涡喷发动机。从涡喷到涡扇，J57的第一个三级压缩机被两级大直径风扇取代，额外的压缩空气则通过核心机的外涵排出。

图中这架B-52H隶属美国第8航空队第2轰炸机联队第20轰炸机中队。该中队部署于路易斯安那州巴克斯代尔尔空军基地，被称为"海盗"。

本图：B-52G"同温层堡垒"可以携带 GAM-77"猎犬"空对地导弹，也可以携带各种其他武器，如空射巡航导弹（ALCM）。它曾参加过海湾战争、巴尔干半岛和阿富汗的作战行动。

波音公司 B-52D

类　型：6 机组成员远程战略轰炸机

发动机：8 台普拉特·惠特尼公司生产的推力 4535 千克的 J-57-P-29WA 涡喷发动机

性　能：7315 米高空最大飞行速度 1014 千米／小时；升限 16765 米；正常载弹量时航程 13680 千米

重　量：空重 77550 千克；最大起飞重量 204120 千克

尺　寸：翼展 56.39 米；机身长 48.00 米；高 14.75 米；机翼面积 371.60 平方米

武　器：尾部遥控炮塔安装 4 挺 12.7 毫米机枪；可携带 12244 千克常规炸弹；Mk.28 或 Mk.43 自由落体核武器；翼下挂架可携带两枚北美公司的 AGM-28B"猎犬"防区外发射导弹

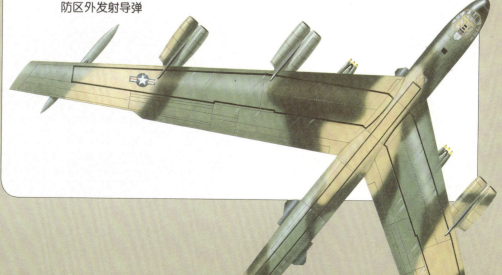

经典战例：
后卫 Ⅱ 号行动

1972 年 12 月 17 日，联合参谋总长发送信息给美国空军各单位："你们在 1972 年 12 月 18 日大约 12 时开始作战，尽最大努力发动为期三天的轰炸。B-52 对河内／海防区的战术空中打击已包含在授权攻击的目标清单之内。本次作战的目的是施予河内／海防一带选定的军事目标最严厉的破坏。三天后如接获指示，亦请准备延长攻击行动。"美国的计划制定者知道河内与海防周边的防空力量大为强化，让空袭任务更加危险，但尼克松总统认为这次行动有其必要性，并视之为有效利用军事手段来结束越战的机会。

1972 年 12 月 20 日，6 架 B-52 在这场后卫Ⅱ号行动中遭地对空导弹击落，这导致 B-52 的出击架次减少，并让电子反制战术持续精进，好给予"同温层堡垒"更佳的防御能力来抵抗地对空导

左图：在后卫Ⅱ号行动期间，一架航向北越目标途中的 B-52D 型轰炸机正透过 KC-135 同温层油轮式进行加油。B-52 原本是设计为递送核武的轰炸机，但越战时，它们却派去执行传统的轰炸任务。

弹。同时，侦察机不断搜寻着地对空导弹的存放所与集中地，该区随后即遭到配备长程导航装置的F-4战机攻击。此举有助于降低B-52所面临的威胁，先前，它们在一趟铤而走险的任务中至少遇上了220枚的地对空导弹。

美国在前三天的空袭期间共有11架B-52折翼，机组员咒骂不少损失是因为战术失当所致。轰炸机以小编队日复一日地飞越同样一组轰炸路线，使得电子干扰能力很难发挥效用。战术修正之后，他们在圣诞节休兵前便没有再折损任何一架轰炸机。尽管圣诞节的24小时都未派任务，但翌日，"同温层堡垒"发动了越战中最严厉的空袭，而且只有两架遭到击落。

在12月26日的空袭中，120架的B-52轰炸机部队蹂躏了河内与海防区的目标，它们以紧密的编队飞进北越，并从不同的高度和方向对各目标发动15分钟的轰炸。另外，各式战术攻击机亦予以支援，包括F-105型、EA-3A型与F-4，还有美国空军、海军和海军陆战队的支援机。超过100架的支援机种被派去扫荡米格机的基地和地对空导弹阵地。

12月27日，60架B-52重返河内轰炸战略目标和地对空导弹阵地，30架由关岛起飞，另30架则从泰国起飞。这次行动美国又折损了两架B-52，不过，当天北越所发射的地对空导弹比先前任何一次任务时击出的还要多，只是大部分都未能将美军战机打下。

在北越于1973年1月2日同意回到巴黎的谈判桌前，B-52再向北越发动了两次空袭，那里蒙受极大的破坏。经过多年的苦战，后卫Ⅱ号行动只花了11天就证明了空军的力量。

左图：在"弧光"战役期间，一架美军B-52F型轰炸机把大量的炸弹倾泻在南越境内的某个目标区。截至1967年9月，最后一批绰号"大肚子"的B-52D型轰炸机抵达关岛，取代了B-52F型机。

康维尔 F-102 "三角剑"

　　1950年，美国空军提出了研制一种安装先进火控系统的夜间全天候战斗机的要求。这就是康维尔公司的F-102，这种飞机是根据XF-92三角翼试验机的试飞经验而设计的。YF-102原型机制造了两架，首飞于1953年10月24日。但是第一架飞机两周后就严重损毁，测试工作于1954年1月转移至第二架飞机。用于评估的YF-102又制造了8架，然而测试证明，这种飞机的性能达不到预期。经过机身重新设计而成的YF-102A于1954年12月下线，随后进入批量生产。1955年6月，第一架F-102A "三角剑"交付防空司令部，但直到一年后，

这种飞机才进入各中队。共有875架 "三角剑"交付使用，在1958年的巅峰时期，有25个中队装备这种飞机。北卡罗来纳州约翰逊空军基地的第482战斗截击机中队是第一支装备F-102A的部队。1961年12月，该中队在佛罗里达州霍姆斯泰德空军基地组建永久警戒分队，经历过猪湾惨败，也赶上了1962年10月的古巴导弹危机。

　　F-102B的设计工作拖延了一段时间，但是性能更为先进，安装了电子火控系统，名称也改为F-106 "三角标枪"，于1959年服役。1959年6月，第一架生产型F-106进入第539战斗截击机中队服役；F-106的生产工作止于1962年，

左图：康维尔F-102是第一种安装三角翼的超音速战机。图中这架是YF-102第二架原型机，拍摄于1954年2月27日。第一架原型机严重损毁后，F-102的很多测试工作都是在这架飞机上进行的。

共生产257架，装备了13个战斗截击机中队。YF-106采用与F-102相同的附面层隔板，但是生产型F-106在机翼前缘上开了个缺口，功能相同而效率更高。除此之外，"三角标枪"和"三角剑"非常相似。F-106也继承了F-102较差的全向视野；F-102并不是作为格斗机设计的，因此为了气动布局的干净利落而牺牲了飞行员的全向视野。由于这种截击机高度自动化，飞行员在座舱中低着头就能完成大部分工作，视野范围只要保证起飞、降落和编队飞行就行，而不是依靠飞行员目视寻找和跟踪目标。两片刀锋般的挡风玻璃安装了加热除冰装置，挡风玻璃安装于座舱中梁两侧，因此座舱分两部分组装。为了改善视野，F-106在两块挡风玻璃的结合处使用了光学平板玻璃，还安装了视野分隔器，这种刀片般的金属装置可以在不影响飞行员视野的情况下，消除内部光线反射。座舱的上视视野很差，直到后来这种不透明支架被稍微凸起的透明材料取代，视野才得以改善。这次改动即是后来被称为"六发式左轮手枪计划"的一部分。

由于换装了更强劲的发动机，F-106A的最高速度是F-102A的两倍。但是加速所需时间也变长了。在17373米高空，早期型号从1马赫加速到1.7马赫需要4.5分钟，达到1.8马赫则还需要2.5分钟。尽管如此，在20世纪60年代初，F-106A仍然是防空司令部最重要的型号。空中国民警卫队的个别部队也装备过这种飞机。

康维尔F-102A"三角剑"

类　型：单座全天候截击机

发动机：1台普拉特·惠特尼公司生产的推力7800千克的J-57-P-23涡喷发动机

性　能：10970米高空最大飞行速度1328千米／小时；升限16460米；航程2172千米

重　量：空重8640千克；最大起飞重量14285千克

尺　寸：翼展11.62米；机身长20.84米；高6.46米；机翼面积61.45平方米

武　器：可携带6枚空对空导弹；12枚折叠翼航空火箭弹

1958 年，这 架 F-102A-75-CO 56-1279 服役于阿拉斯加州埃尔门多夫空军基地的 AAC 第 21 混合联队第 317 战斗截击机中队 (FIS)。但是在 1957 年 9 月 15 日，这架飞机最初服役于密歇根州沃特史密斯空军基地的第 31 战斗截击机中队 (FIS)。

1956 年 5 月，YF-102 试射安装了核弹头的 MB-1 "妖怪" 空对空导弹，这种导弹本来是用于装备 "三角剑" 的，但是在 1957 年年初装备计划被取消，"妖怪" 转而用于装备 F-89J、F-101 和 F-106。如图所示，F-102 可携带 3 枚 GAR-1D (AIM-4A) 半主动雷达跟踪导弹和 3 枚 GAR-2A (AIM-4C) 红外引导弹。

这架 F-102A 垂尾上的徽章表示其隶属阿拉斯加空军司令部 (AAC)，AAC 于 1945 年 10 月 18 日由战时的第 11 航空队演变而来。AAC 的主要任务是拦截从北极航线飞来的苏联轰炸机。

F-102 在设计时不具备挂载副油箱的能力，"干净" 的机身是超音速截击机的首要条件，但是当 F-102 部署在阿拉斯加、冰岛和欧洲时，为了增加必要的航程，副油箱就非常必要。

希腊空军的F-102主要来自美国驻欧洲空军的存货，机身为迷彩或灰色涂装。1968年9月，根据所谓的"和平紫罗兰计划"，希腊空军飞行员在得克萨斯州佩林空军基地接受训练。

"猎鹰"导弹发射

封闭武器舱

为了最低限度地减少气动阻力，导弹被挂载在机内武器舱中。宽敞的武器舱中能容纳高达6枚空对空导弹。这种做法最近在F-22飞机上被重新起用，以使飞机的隐身性更好。

武器部署

F-102飞机有三个武器舱，每一个武器舱都能串列式容纳两枚"猎鹰"导弹。图中可见，其中的一个侧舱被打开。通常三个热寻的"猎鹰"有三个雷达制导导弹。

导弹发射

舱门打开，导弹吊架降低到气流中，以允许武器直接离轨发射。然后武器舱的舱门立即关闭。

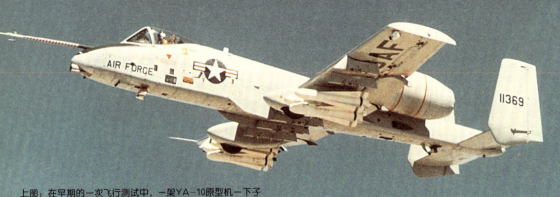

上图：在早期的一次飞行测试中，一架YA-10原型机一下子搭载了6枚沉重的AGM-65"小牛"导弹。最初该原型机的机载武器是一门M61A1 20毫米"火神"机炮，而不是预期的GAU-8/A"复仇者"机炮。

费尔柴尔德·共和公司A-10"雷电"II

左图：从这张A-10的正面图片中，我们可以看出它的一些重要特征。为了在敌方地面炮火的攻击中生存下来，A-10的发动机位置相距很远，这样尾翼可以在一定程度上保护发动机。

下图：第355战术战斗机联队作为飞机训练单位，在装备了A-10不久，就派机前往欧洲巡展。然而，1977年6月3日，在巴黎航空沙龙上，费尔柴尔德公司的试飞员萨姆·尼尔森在驾机（如图）进行一系列低空环形飞行后飞机触地，尼尔森遇难。

1970 年 12 月，为了竞争美国空军的 A-X 计划，费尔柴尔德·共和公司和诺斯罗普公司各制造了一架新型近地支援飞机原型机用于评估。1973 年 1 月，美国空军宣布费尔柴尔德·共和公司的 YA-10 竞标成功。费尔柴尔德为了达到装甲保护的指标，将飞行员安置于一个钛制"澡盆"中，能够抵挡住除大口径炮弹直接击中以外的火力攻击；由于采用了冗余结构的策略，即使在机身遭到大面积损伤、甚至丢失一台尾部发动机时，飞行员仍能控制住飞机。A-10 主要的内置武器是 GAU-8/A"复仇者"7 管 30 毫米转管机炮，机炮安装于前部机身下的中间线上，A-10 有 8 个翼下外挂点和 3 个机身下外挂点，可以携带 7250 千克的炸弹、导弹、机炮吊舱和干扰吊舱，还可携带用于目标指示的"铺路便士"激光吊舱。A-10 安装有先进的航电设备，包括中央飞行数据计算机、惯性导航系统和平视显示器。

上图：A-10 先后采用了多种涂装方案，最后美国空军用一系列的绿色和灰色取代了早期的淡灰色。该方案称为"木炭蜥蜴"涂装，多年来一直是 A-10 的标准迷彩涂装方案。但是最近，该机采用了通体灰的涂装方案。

下图："攻击机试验"项目的另一个有力竞争者是诺斯罗普公司的 YA-9。尽管性能出色，但是在弹药补给测试中，其高位机翼出现问题。后来，这两架原型机不得不退役，摆放在博物馆内。

上图：美国本土的A-10A是快速反应部队的核心力量，可以在紧急情况下迅速赶到事发地点。1982年"亮星"演习中，一架A-10在埃及基地的地面滑行，与一架埃及空军的F-4"幽灵"擦肩而过。

A-10可以在457米的简陋短跑道上起降。1977年3月，A-10开始交付南卡罗来纳州默特尔比奇空军基地第354战术战斗机联队。美国空军的战术战斗机联队共装备了727架A-10，重点作战区域在欧洲。A-10作战半径463千米，可以从西德中部的前沿军事区（FOL）起飞，对东德边境的目标进行攻击，之后返回西德北部地区。A-10留空时间可达3.5个小时，不过欧洲战场的一个作战架次一般只需1个或2个小时。A-10的作战战术是2架飞机相互支援，一次覆盖2～3英里宽的狭长地带，第一架飞机的火力扫过目标后，第二架飞机快速跟进消灭残留目标。A-10最远可攻击

1220米处的目标，因为它的瞄准具刻度限定在这个距离以内。高速机动时，A-10转弯半径也是1220米，这也就是说飞行员可以不必飞临目标上空。一秒钟的火炮射击即可将70发30毫米炮弹倾泻到目标上，完成360度的转弯不超过16秒，2架A-10即可做到持续火力压制。30毫米炮弹弹鼓足以提供10～15次火力压制。为了提高在以雷达制导的防空高炮为主要威胁的环境中的生存能力，A-10飞行员要接受30米甚至更低的低空飞行训练，直飞与平飞时间不能超过4秒。A-10有一个很大的优点——它的两台通用电气TF-34-GE-100涡扇发动机非常安静，因此在飞临作战区域时

会令敌人大吃一惊，地面防空武器甚至来不及开火。攻击由防空高炮掩护的目标时，通常需要两架A-10的密切配合；一架攻击目标，另一架在远处使用电视制导"小牛"导弹（通常携带6枚）攻击防空设施。A-10也具有一定的空对空作战能力，采用的战术是迎头面对来袭战斗机，用30毫米机炮狂扫。

一般情况下，A-10会与美国陆军的直升机配合作战。直升机负责攻击伴随掩护苏联装甲突击群的地对空导弹和防空高炮，当敌方防空力量被压制或削弱时，A-10则将火力集中对付敌方坦克部队。12年后的海湾战争中，这一战术展示了极大的杀伤力。在那场冲突中，A-10面对的敌人所使用的装备基本与欧洲北部和中部的华约部队一致——所谓的T-72主战坦克、履带式防空战车和装甲人员输送车。A-10如同做外科手术一般，干净利落地干掉了它们。

上图：图中两架飞机展示了最初采用的MASK-10A涂装方案。第354战术战斗机联队的A-10主要部署到海外执行任务。

上图：A-10的最初设计构想是为了应对东南亚可能出现的战争，但是经过调整，最终分到了中欧战区。整个20世纪80年代，共有6支A-10中队驻扎在英格兰，随时准备进入西德前沿基地应对华约国家的武装突袭。

GAU-8/A "复仇者" 7 管转管机炮由两台液压马达驱动。在最初 0.55 秒内射速可达 4200 发／分钟，通过无链供弹系统装弹，一次最多补充 1350 发 30 毫米炮弹。

作为一种战术飞机，尽管 A-10 所安装的 "复仇者" 是一种强大的武器，但是在反装甲作战时，"小牛" 导弹才是理想的选择。"小牛" 导弹根据反装甲任务的类型又分为两种，AGM-65B 安装的是图像放大电视引导头，AGM-68D 安装的是红外成像引导头。

A-10 尾部整流锥的顶端、垂尾底部、翼尖、机背和机腹都有标准昼间编队灯。作为低空安全和瞄准增强系统（LASTE）的一部分，翼尖、垂尾和机背还安装了低压灯。

这架飞机携带了 ALQ-184 电子对抗吊舱和两枚 AIM-9L "响尾蛇" 导弹，两枚导弹挂载双轨适配器（DRA）上。

上图：A—10A除了是一种标准的对地攻击机外，在空战中也不落下风，主要通过高速机动和机载7管转管机炮扫射来袭敌机。

费尔柴尔德·共和公司 A—10A "雷电" II

类　型：单座近地支援和攻击机

发动机：两台通用电气公司生产的推力4111千克的TF34—GE—100涡扇发动机

性　能：海平面最大飞行速度706千米／小时；升限7625米；作战半径463千米，留空时间两小时

重　量：空重11321千克；最大起飞重量22680千克

尺　寸：翼展17.53米；机身长16.26米；高4.47米；机翼面积47.01平方米

武　器：1门30毫米GAU—8/A转管机炮，备弹1350发；11个外挂点，可携带7556千克弹药，包括"石眼"集束炸弹、"小牛"空对地导弹和SUU—23 20毫米机炮吊舱

本图：爱德华兹空军基地美国空军飞行试验中心，第6512试验中队正在对一架A—10A进行测试。座舱下方黑色的灰迹，是GAU—8/A转管机炮高速开火时向后飘散的硝烟留下的。

通用动力 F-111

通用动力 F-111 在越南战争中首次登台亮相。F-111 的研制始于 1962 年,当时美国空军提出了试验战术战斗机(TFX)计划,并最终选中通用动力公司和格鲁曼飞机公司,让其共同研制一种可变后掠翼战术战斗机。初步合同订购 23 架飞机——美国空军的 18 架 F-111A 和美国海军的 5 架 F-111B(海军最后取消了 F-111 订单)。F-111 原型机安装了两台普拉特·惠特尼公司生产的 TF-30-P-1 涡扇发动机,1964 年 12 月 21日首飞;在 1965 年 1 月 6 日的第二次试飞中,机翼的后掠角从 16 度转换到 72.5 度。

生产型 F-111A 共制造了 160 架。

上图:1965年,位于通用动力公司沃斯堡工厂中8架预生产F-111A飞机中的3架。在1967年进入美国空军服役之前,一共有17架飞机用来进行研究、发展、试验和鉴定(RDT&E)的相关工作。

1967 年 10 月，第一架飞机交付内华达州内利斯空军基地第 4480 战术战斗机联队。第二年 3 月 10 日，该部队的 6 架 F-111A 飞赴泰国塔克里空军基地，在越南战场（"枪骑兵作战"行动）进行作战评估，于 3 月 25 日首次参战。首次作战很不幸，3 架飞机由于操纵杆金属疲劳而遭受损失，很快这一问题得到解决。1972 年 9 月，部署在塔克里空军基地的第 429 和第 430 战术战斗机中队的 F-111A 表现出色，参加过空中进攻作战（"后卫 II"），并在空战史上最密集的防空火力中，对河内地区的目标发起夜间和全天候攻击。

接替 F-111A 的是 F-111E，改进

上图：首架生产型 F-111A 在着陆之前，展示出其双缝富勒襟翼、翼根旋转扇翼以及强壮的起落架装置，后者是为了应付"恶劣场地"而设计。

本页图：图中所示 67-0159 是首架 FB-111A 的原型机，带有美国战略空军指挥部（SAC）"银河"喷涂。F-111 的变后掠角机翼是其实现将大于马赫数 2 的高速性能和适应于舰载操作的低速性能相结合的设计目的的关键技术。

上图：在取消了雄心勃勃的FB-111H机型计划（基于FB-111A机型，用于执行战略任务，装备有F101发动机以及最多10枚短程攻击导弹）之后，通用动力公司（General Dynamics）提出了与FB-111B/C（图中所示）相似的FB-111H计划，但是是基于改装后的F-111A/D机型。

了进气道，将性能提高至2.2马赫。驻扎在英国阿普尔·海福德空军基地的第20战术战斗机联队于1971年夏天换装完毕，该部队隶属于北约第2盟军战术空军部队，作战时负责执行敌方边境纵深地区的遮断任务。第48战术战斗机联队是另外一支驻扎在英国的F-111部队，部署在萨福克郡莱肯希思空军基地，隶属于北约第4盟军战术空军部队，作战时负责执行亚得里亚海地区的遮断任务。第48战术战斗机联队装备的是F-111F，是一种战斗轰炸机，兼有F-111E和FB-111A（战略轰炸机改型）的优点，安装了更强劲的TF-30-P-100发动机。第48战术战斗机联队的F-111炸弹舱内可以携带两枚B-43核炸弹，机翼下

的6个外挂点可以携带各种武器，是北约战区核攻击部队的核心。

执行常规任务时，F-111F的主要精确供给武器系统是"铺路钉"独立吊舱，内有激光指示器、测距仪和前视红外（FLIR）设备，可以使用各种激光制导炸弹，如906千克的Mk82"蛇眼"、GBU-15电视制导炸弹或"小牛"电视制导导弹。"铺路钉"吊舱安装在F-111武器舱的一个专门托架中，当系统激活时，旋转180度，将探测头露出。探测头是红外探寻器、激光指示器和测距仪的平台，为武器系统操作员（WSO）提供稳定的红外图像和距离信息。

F-111C（共制造了24架）是为澳大利亚皇家空军制造的攻击型；F-111D

通用动力 F-111E

类　型：双座遮断机

发动机：两台普拉特·惠特尼公司生产的推力 11385 千克的 TF-30-P-100 涡扇发动机

性　能：高空最大飞行速度 2656 千米／小时；升限 17985 米；航程 4707 千米

重　量：空重 21394 千克；最大起飞重量 45359 千克

尺　寸：机翼展开时翼展 19.20 米，后掠时 9.74 米；机身长 22.40 米；高 5.22 米；机翼展开时，机翼面积 48.77 平方米

武　器：1 门 20 毫米 M61A-1 多管机炮；可携带 1 枚 340 千克的 B43 核炸弹，内部弹舱可携带 2 枚 B43；8 个翼下外挂点，可携带 14290 千克弹药

左图：F-111G 采用"土豚"（Aardvark）所使用的迷彩喷涂，该飞机隶属于第428TFS（来自美国空军坎农军事基地），在尾翼上画有蓝色的"海盗"标志。G型号一个很明显的特征是驾驶舱前面的凸起，之前用来安装星象跟踪导航系统（ANS）。

（共制造了 96 架）是战术支援型。各型号的 F-111 共制造了 562 架，其中包括 23 架发展型飞机。F-111 参加过多次作战行动，如越南战争、1986 年 4 月对利比亚发动的报复性攻击和 1991 年在伊拉克的"沙漠风暴"行动。

上图：F-111A 被改装成为专门的 RF-111A 机型，在武器舱中安装了照相机。该机型以及 RF-111D 机型（基于 F-111D 机型）的研发工作被中止，尽管澳大利亚皇家空军之后将 4 架改装成 RF-111C 版本机型。

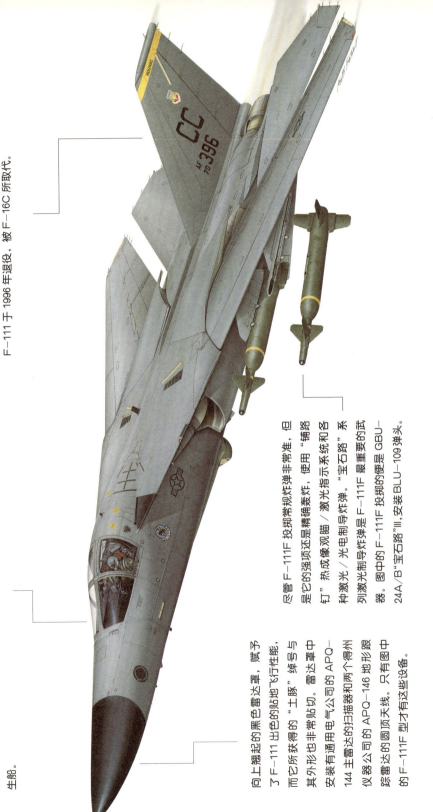

图中这架 F-111F 隶属新墨西哥州坎农空军基地第 27 战斗机联队。此前这架飞机隶属英格兰郡莱肯希思克福空军基地第 48 战术战斗机联队。第 48 战术战斗机联队换装 F-15E 后，这架飞机被分配到坎农空军基地。坎农空军基地的最后一架 F-111 于 1996 年退役，被 F-16C 所取代。

F-111A 前 12 架飞机安装了常规弹射座椅，是飞行员的紧急逃生手段。此后生产的飞机则安装了麦克唐纳·道格拉斯公司研制的火箭弹射模块，具有零高度－零速度性能。气囊能够缓冲着陆的冲击力，也可作为漂浮袋，在飞行员跳伞落水后充当救生船。

向上翘起的黑色雷达罩，赋予了 F-111 出色的贴地飞行性能，而它所获得的"土豚"绰号与其外形也非常贴切。雷达罩中安装有通用电气公司的 APQ-144 主雷达的扫描器和两个得州仪器公司的 APQ-146 地形跟踪雷达的圆顶天线。只有图中的 F-111F 型才有这些设备。

尽管 F-111F 投掷常规炸弹非常不准，但是它的强项还是精确轰炸，使用"铺路钉"热成像观瞄／激光指示系统和各种激光／光电制导炸弹。"宝石路"系列激光制导炸弹是 F-111F 最重要的武器。图中的 F-111F 投掷的便是 GBU-24A/B"宝石路"Ⅲ，安装 BLU-109 弹头。

上图：此架装备了标枪式导弹的"土豚"带有早期的第一中队标志，在20世纪90年代初在南昆士兰州低空飞行。AGM-84D可以提供反潜作战能力。

澳大利亚皇家空军装备的通用动力F-111C，携带了"宝石路"激光制导炸弹。澳大利亚采购F-111时受到了政治争斗的影响，但是军方对其性能的考量最终占了上风。

下图：第6中队的RF-111C是该中队4架侦察飞机中的一架。1988年，在第6中队参加的美国空军的空军侦察峰会中，该飞机获得了很多荣誉。

上图：首架F-14于1970年12月21日首飞，比预期日期提前了一个月。9天之后，在F-14的第二次飞行当中，由于主要的液压系统发生故障而出现了事故。飞机加速飞向格鲁曼公司的卡尔弗顿（Calverton）的工厂，在机后拖出一条液压机液体线。

格鲁曼 F–14A "雄猫"

尽管F-14"雄猫"的研制历程遭受了各种问题的困扰，但是从这种可变后掠翼飞机诞生那一刻开始，它就一直是令敌人闻风丧胆的截击机。虽然"雄猫"的设计初衷是为了夺取航母编队附近空域的制空权，但它也能够攻击战术目标。1969年1月，"雄猫"竞标美国海军舰载战斗机（VFX）成功，成为"鬼怪"的接班人。1970年12月21日，F-14A原型机首飞，随后又制造了11架发展型飞机。1972年夏天，这种可变后掠翼飞机完成航母舰载测试，同年10月开始交付美国海军使用，"雄猫"成为航空母舰舰载航空兵的主力截击机。"雄猫"进攻能力的核心是休斯公司的AN/

上图：一架"雄猫"原型机在接近格鲁曼公司的卡尔弗顿基地时坠毁，发动机从残骸中暴露出来。驾驶员和后座乘员事先安全地弹射出去。

本页图：3架"雄猫"原型机以不同的后掠角进行飞行，其中一些色彩多样的喷涂被应用到预生产的机型中。

左图："雄猫"模型是根据最早的303E设计模型生产的，只有一个背部小翼和后机身下翼。在机身下方还挂载了"麻雀"（Sparrow）导弹，尽管实际上是设计使用AIM-54"不死鸟"（Phoenix）导弹的。

本页图：第二架F-14原型机对低速飞行特性进行了测试研究，包括旋转和失速情况。在旋转测试中，F-14在机头装备了可收缩的鸭式边条翼，从驾驶舱拱形区一直延伸到雷达罩。

下图：大部分F-14"雄猫"战斗机采用大面积的荧光油墨（Dayglo）来增加显著性，方便地面观察者进行光学跟踪。

下图：最初的舰载适应性测试于1972年中期在美国"福莱斯特"级（Forrestal）航空母舰（CVA-59）上进行，使用了第10架YF-14A测试机。

上图：想要使庞大的F-111B成为出色的舰载战斗机是完美主义的最好的例子。F-111重量太大，长长的机头使其很容易失去降落舰艇的视野。

下图：第3飞行测试机YF-14A（编号157982）在其大量的测试飞行中的一次飞行中挂载了4枚AIM-54"不死鸟"空对空导弹以及一对副油箱。

AWG-9火控系统，它使两名机组成员最远能够探测315千米外的目标，具体探测距离根据目标大小而异，如对巡航导弹的探测距离是120千米。该火控系统能够同时跟踪24个目标，能够同时对其中6个目标发起首轮攻击。"雄猫"的内置武器包括1门通用电气公司生产的M61A-1"火神"20毫米机炮，机炮位于前部机身左侧，备弹675发。主要携带的导弹包括4枚"麻雀"空对空导弹，半埋入机身下方，或4枚"不死鸟"空对空导弹，挂于机身下方。此外，翼下挂架还可携带4枚"响尾蛇"空对空导弹，或者两枚"响尾蛇"空对空导弹加两枚"不死鸟"或"麻雀"。"雄猫"最多可携带6576千克各类弹药，还安装了各种电子对抗设备。特遣舰队通常需要"雄猫"执行3种任务：阻拦式空中战斗巡逻（CAP）、特遣舰队空中战斗巡逻和目标空中战斗巡逻。阻拦式空中战斗巡逻是指在指挥和控制飞机的探测范围内，在特遣舰队一定距离以外建立防御屏障。由于执行阻拦式空中战斗巡逻时可能遇到大量的来袭敌机，"雄猫"通常会全副武装，挂上6枚"不死鸟"导弹。这种导弹的弹头重60千克，速度超过5马赫，射程超过200千米，非常适合远距离拦截各种高度飞行的飞机和掠海飞行的导弹。即便敌机躲过了执行阻拦式空中战斗巡逻的"雄猫"这一关，它接下来还要面对执行特遣舰队空中战斗巡逻的"雄猫"——这些"雄猫"位于舰艇视距以

内，混搭"不死鸟"、"麻雀"和"响尾蛇"导弹。如果所有的空对空导弹都发射完了，目标仍继续突进，"雄猫"还可以近距离使用"火神"机炮与其交战。"雄猫"安装了两台普拉特·惠特尼公司的TF30-P-414涡扇发动机，低空最大飞行速度1.2马赫,高空最大飞行速度2.34马赫。

1970年12月由于原型机坠毁，F-14A的生产工作受到了影响，但是美国海军最终还是装备了478架"雄猫"。70年代末，有80多架F-14A出口到了

左图：伊朗拥有很强的F-14武装力量，大部分利用当地的资源进行维护保养。"鹰"式（Hawk）SAM导弹系统被引入到至少两架F-14当中，可能试图取代"不死鸟"导弹系统。

下图：一架VF-102 F-14B战斗机在训练中挂上拦阻索。F-14B以及F-14D所采用的F110发动机可以使飞机在全加力情况下发射，增加了62%的作战半径，并使飞行员在空战机动过程中有更加顺畅的发动机操纵体验。

上图：图中是F-14D"雄猫"，是一种换装功率更强大的雷达、强化的航电设备、重新设计的座舱和战术干扰系统的改进型。37架F-14D是新制造的，18架是F-14A改装的。

伊朗。原计划安装普拉特·惠特尼公司的F401-PW-400涡扇发动机的F-14B被取消，但是有32架F-14A安装了通用电气公司的F110-GE-400发动机，又被称为F-14B，但此F-14B非彼F-14B。F-14D是一种换装功率更强大的雷达、强化的航电设备、重新设计的座舱和战术干扰系统的改进型。有37架F-14D是新制造的，17架是F-14A改装的。

20世纪80年代，"雄猫"曾在苏尔特湾多次与利比亚战斗机交锋。例如，1981年8月19日，VF-41中队的两架"雄猫"从"尼米兹"号航母上紧急起飞，前往侦察美国海军雷达捕捉到的正在接近第六舰队演习区域的两个目标。两个雷达反射信号不断接近"雄猫"，两架飞机的武器指挥官都报告说他们被I波段的苏制SRD-5M"高精度定位"空中拦截和火控雷达锁定。这种雷达安装于苏霍伊设计局的苏-22"装配匠"进气道的中央，利比亚空军使用的正是这种飞机。在接下来的战斗中，两架"装配匠"都被"响尾蛇"导弹击落，利比亚的战斗机也向F-14发射了AA-2"环礁"红外跟踪导弹。

在1991年的海湾战争中，F-14与麦克唐纳·道格拉斯公司的F-15"鹰"一起执行空中战斗巡逻任务。此后，F-14还在巴尔干半岛和阿富汗的作战行动中表现活跃，并在伊拉克参与强制建立"禁飞区"的任务。

左图：在Oceana海军航空试验站（NAS），将机头打开进行保养是常规的训练内容。该基地之前驻有F-14以及A-6，但是A-6的停机坪已经被换成F/A-18战斗机。已经服役了30年的"雄猫"被替代也只是时间问题。

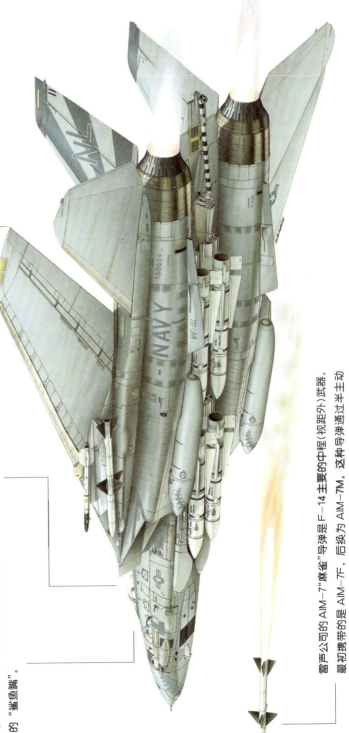

"雄猫"刚刚服役时出现了不少问题。糟糕的后勤保障迫使各中队不得不从很多F-14上拆零部件以保证其他F-14能够升空。飞行时，襟翼放下时会造成震动，机尾整流罩也出现了疲劳裂纹。其实这两个问题很容易解决。

F-14后座舱安装有详细数据显示器（DDD）。在脉冲多普勒工作模式下，目标信息以接近率一方位角的形式显示出来；在脉冲工作模式下，目标信息以距离一方位角的形式显示出来。

这架F-14A隶属VF-111"落日"中队，20世纪80年代，这架飞机部署在美国太平洋舰队"卡尔·文森"号（CVN-70）航空母舰上。这架"雄猫"全身都采用了低可见度的浅灰色涂装，机头和外挂副油箱上绘有深色的"鲨鱼嘴"。

雷声公司的AIM-7"麻雀"导弹是F-14主要的中程（视距外）武器。最初携带的是AIM-7F，后换为AIM-7M，这种导弹通过半主动雷达引导，依靠目标反射的F-14机载雷达信号跟踪目标。

VF-32海军战斗机中队的一架格鲁曼F-14A"雄猫"，部署于"约翰·F.肯尼迪"航空母舰。"雄猫"具有强大的战斗空中巡逻性能，能够在距离特遣舰队很远的地方拦截敌机。

格鲁曼 F-14A "雄猫"

类　型：双座舰队防空截击机

发动机：两台普拉特·惠特尼公司生产的推力 9480 千克的 TF30-P-412A 涡扇发动机

性　能：高空最大飞行速度 2517 千米／小时；升限 17070 米；满载武器时航程 1994 千米

重　量：空重 18190 千克；最大起飞重量 33717 千克

尺　寸：机翼展开时翼展 19.45 米，后掠时 11.65 米；机身长 19.10 米；高 4.88 米；机翼面积 52.49 平方米

武　器：1 门 20 毫米 M61A-1 "火神"转管机炮；可携带 AIM-7 "麻雀"中程空对空导弹、AIM-9 短程空对空导弹和 AIM-54 "不死鸟"远程空对空导弹

上图：一架美国海军VA-165攻击机中队的格鲁曼A-6"入侵者"。"入侵者"在越南战场上表现卓越，昼夜不停地执行各种作战任务，性能远超过其他飞机——直至F-111的到来。

格鲁曼 A-6 "入侵者"

作为一种专门的舰载低空攻击轰炸机，格鲁曼A-6"入侵者"可以携带核武器和常规武器全天候对目标发起高精度攻击。A-6参加了1957年美国海军的竞标，同年12月从11个竞标设计中脱颖而出。1960年4月19日，A-6A原型机首飞。1963年2月1日，第一架生产型进入VA-42攻击机中队服役。1969年12月，最后一架A-6交付使用，此时A-6共生产了488架。A-6A参加了越南战争，昼夜不停地执行各种作战任务，其性能远超过其他飞机——直至F-111的到来，此后A-6还参加过其他作战行动，如1986年4月攻击利比亚。接下来的改型是EA-6A电子战飞机，共为美国海军陆战队生产了27架；再接下来是EA-6B"徘徊者"，安装了先进的航电设备，机头经过加长以容纳两名电子战专家。每个美国航母战斗群都配备了EA-6B"徘徊者"。它的基本任务是通过干扰敌方雷达和通信系统，以保护水面舰队和友方攻击机。美国国防部在20世纪90年代中的重组方案中，决定用EA-6B"徘徊者"取代通用动力公司的EF-111A。在新组建的5个EA-6B中队中，4个中队负责支援在海外执行联合国或北约使命的美国空军航空航天远征部队。与EF-111A相同，"徘徊者"的核心也是AN/ALQ-99战术干扰系统。"徘徊者"可以携带5个干扰吊舱，一个安装在机腹，其余安装在机翼下。每个吊舱都独立供电，有两个干扰发射器，可以覆盖 7 个频段。EA-6B 经过了多次升级，至 2010 年仍然在役，它在全世界范围内支援美国海军、美国海军陆战队和美国空军的攻击部队已 40 余年。海湾战争期间，"徘徊者"在压制伊拉克防空雷达系统的任务中扮演了主角。美国国防部计划用 F/A-18G "咆哮者"取代"徘徊者"，F/A-18G "咆哮者"是由 F/A-18E/F 改装的，用于护航和近距离干扰。远距离干扰由美国空军的 EB-52、EB-1 或无人机负责。

"入侵者"的最后一款基本攻击型是 A-6E，首飞于 1970 年 2 月。A-6E 共生产了 318 架，其中 119 架是由 A-6A 改装的。还有一部分基本型 A-6A 被改装为 A-6C，增强了夜间攻击性能。KA-6D 则是一种空中加油机。1996 年底，A-6 终结了在美国海军 31 年的作战生涯，据称 A-6 作为一线部队的作战飞机过于昂贵，而它的纵深攻击能力在冷战后已显得不再重要。1996 年冬，太平洋舰队和大西洋舰队的 A-6 中队进行了退役前的最后一次巡航。东海岸的很多 A-6 被丢入佛罗里达州海岸以外的大西洋，作为人造暗礁。现在，只有 EA-6B "徘徊者"仍然在役，美国海军和美国海军陆战队都有使用。

上图："入侵者"的最后一场战争。A-6E攻击机和KA-6D加油机都参加了1991年海湾战争。

格鲁曼 A-6A "入侵者"

类　型：双座全天候攻击机

发动机：两台普拉特·惠特尼公司生产的推力 4218 千克的 J52-P-8A 涡喷发动机

性　能：海平面最大飞行速度 1043 千米／小时；升限 14480 米；满载武器时航程 1627 千米

重　量：空重 12130 千克；最大起飞重量 27397 千克

尺　寸：翼展 16.15 米；机身长 16.64 米；高 4.93 米；机翼面积 49.13 平方米

武　器：5 个外挂点，共可携带 8165 千克弹药

垂尾顶部凸出的整流罩内安装有自卫系统天线。ALQ-126自卫电子对抗设备（DECM）和ALR-67威胁警告接收器的天线都安装于此。其他天线则位于飞翼根前缘。

在1990年5月11日以前，图中这架A-6E隶属于加利福尼亚州埃尔托罗基地MAG-11海军陆战队航空队VMFA（AW）-121攻击机中队。该中队后来改称VMFA（AW）-121战斗攻击机中队，也是美国海军陆战队5个A-6中第一个安排A-6退役的中队。1990至1995财年，美国海军陆战队与美国海军的A-6开始退役。

A-6飞行员和导航员使用的是马丁-贝克GRU-5B或GRU-7弹射座椅。这种座椅是倾斜式的，适合长远程任务。座椅不是并排放置，导航员/武器系统操作员的位置比飞行员靠后，高度也略低。

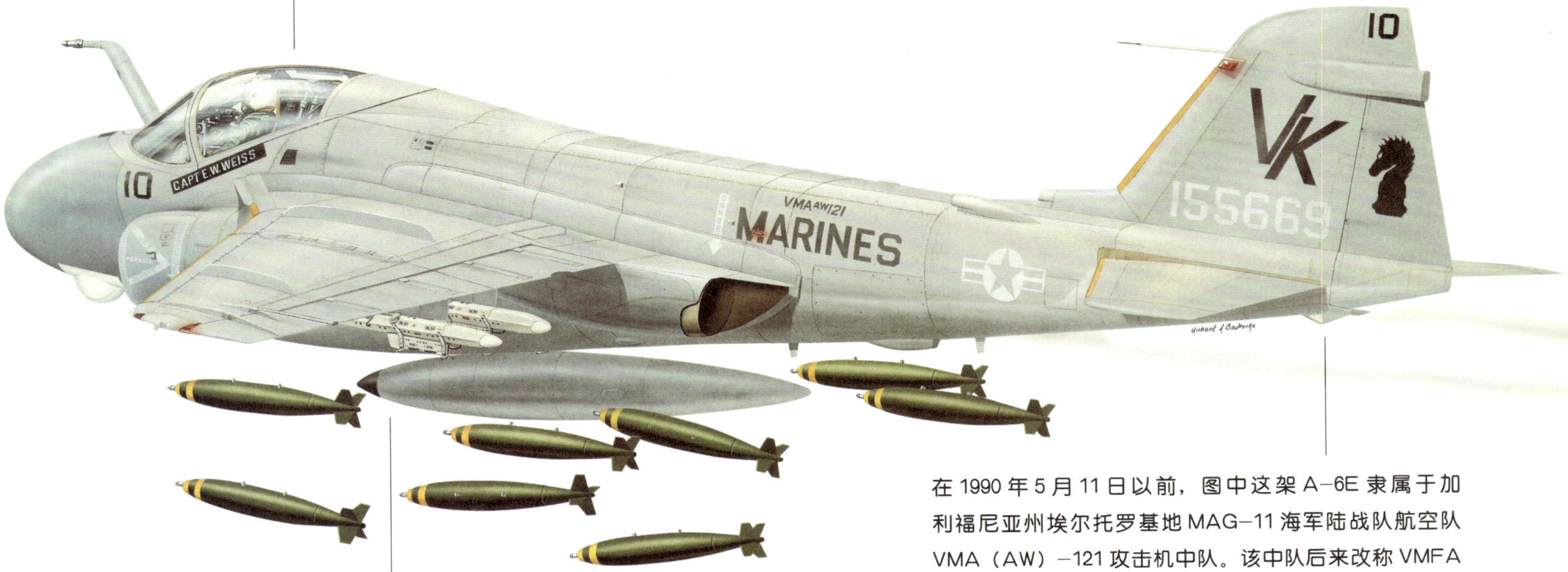

A-6的弹药挂载于机身下方和4个翼下挂架。普遍采用多重投射挂架（MER），每个挂架下有6枚炸弹。但在实际中，只有外部挂架会挂6枚炸弹，为了便于起落架收起，内部挂架只挂5枚炸弹。"斯拉姆"/"鱼叉"/导弹或核武器等大型武器通常挂载于内部挂架。

下图：这是在美国航母上经常看得到的场景，A-6带有美国海军和海军陆战队的标志。多次作战行动证明，这是一种性能十分强大的飞机。

上图：进入"风暴"。这架A-6E准备起飞参与"沙漠风暴"行动。

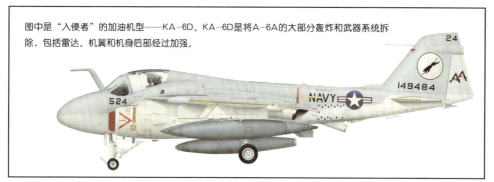

图中是"入侵者"的加油机型——KA-6D。KA-6D是将A-6A的大部分轰炸和武器系统拆除，包括雷达。机翼和机身后部经过加强。

上图：尽管已经拥有了"狂风"战斗机和AMX战斗机（意大利、巴西联合研制的单座单发超音速轻型攻击机），但是意大利空军在作战前线依然部署了F-104战斗机。为执行空中巡逻任务，F-104战斗机采取了与"狂风"F.MK 3战斗机相协调的方式来完成任务。其中，"狂风"F.MK 3为星座式战斗机提供额外的拦截功能雷达信息。

洛克希德 F-104 "星战士"

F-104 的研制始于 1951 年，当时朝鲜空战经验给战机设计带来了深远的影响。1953 年，洛克希德公司接到了生产两架 XF-104 原型机的合同。仅仅 11 个月后，1954 年 2 月 7 日，第一架原型机首飞。两架 XF-104 和后来生产的 15 架 YF-104 接受了美国空军的评估，这 15 架飞机中大部分采用了与原型机相同的莱特 J-65-W-6 涡喷发动机。生产型飞机称为 F-104A，于 1958 年 1 月开始交付美国空军防空司令部使用。由于 F-104A 缺乏全天候作战能力，因此防空司令部使用的 F-104A 有限，仅装备了两个战斗机中队。巴基斯坦购买过 F-104A，并参加过 1969 年的印巴冲

下图：由于其高速、高空、爬升性能等突出的飞行能力，"星"式战机成为美国国家航空和宇宙航行局飞行试验机队的非常适合的选择。"星"式战机由美国爱德华兹空军基地德雷登飞行研究中心进行试验运行，服役到 1983 年，直到它被 F/A-18 "大黄蜂"战斗/攻击机代替。具有讽刺意味的是在"大黄蜂"的发展过程中 F-104 战斗机以驱逐机的身份服役。

联邦德国海军的洛克希德F—104G"星战士",主要用于执行反舰任务。F—104G最后被帕那维亚"狂风"取代,联邦德国剩余的"星战士"被出售给了希腊和土耳其。

本图:一支第337战斗拦截中队的F104单座战斗机编队飞过海湾大桥上空,从高空俯视旧金山港。事实证明该款战斗机并没有达到防御美国本土的预期的效果,所以只在美国空军中度过简短的一段时光。

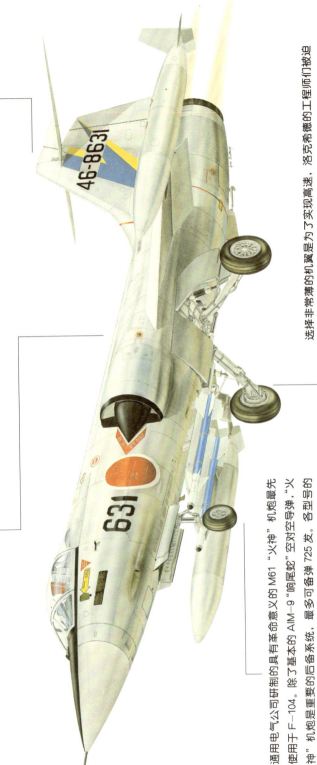

从尾部的标识可以看出，图中这架 F-104J "星战士" 隶属于日本航空自卫队（JASDF）第 5 联队第 204 中队。1960 年，F-104J 被选中为 JASDF 装备的北美公司 F-86 "佩刀" 的继任者。

选择非常薄的机翼是为了实现高速，洛克希德的工程师们被迫考虑如何在横截面如此之窄的机身中放入主起落架。最终推出了一种起落架向前收起的紧凑系统，机轮垂直放置在狭窄的机翼舱内。

"星战士" 最具标志性的特征是它的机翼，与机身相比显得太小了；每个机翼从翼根到翼尖仅有 2.31 米。作为一种简单的梯形翼方案，机翼围绕两根主翼梁制造，机翼前缘特别锋利。

通用电气公司研制的具有革命意义的 M61 "火神" 机炮最先使用于 F-104。除了基本的 AIM-9 "响尾蛇" 空对空导弹，"火神" 机炮是重要的后备系统，最多可备弹 725 发。各型号的 F-104 都可以携带 "响尾蛇"，通常尾翼载两枚对空导弹，挂于机身下方导轨，如果翼尖没有携带副油箱，翼尖的发射导轨也可携带。

突。F-104B 是双座型；F-104C 是战术战斗轰炸机，1958 年 10 月，首批 77 架该型机交付第 479 战术战斗机联队（唯一一个使用过该型机的部队）。F-104D 和 F-104F 是另外两种双座型"星战士"，之后是 F-104G。从数量上说，F-104G 是"星战士"最重要的型号。F-104G 以 F-104C 单座多用途飞机为基础，结构进行了强化，更换了许多设备，如上射型洛克希德 C-2 弹射座椅（以前使用的是下射型座椅）。1960 年 10 月 5 日，第一架 F-104G 首飞；至 1966 年 2 月，共生产了 1266 架，其中 977 架是欧洲"星战士"联合体生产的，其余是洛克希德公司生产的。德国空军装备了 750 架，意大利空军 154 架，荷兰皇家空军 120 架，比利时空军 99 架。CF-104 是一种攻击-侦察机，加拿大飞机公司为加拿大皇家空军生产了 200 架 CF-104。加拿大飞机公司还为挪威、西班牙、丹麦、希腊和土耳其空军生产了 110 多架 F-104G。

F-104J 与 F-104G 相似，装备于日本航空自卫队。1961 年 6 月 30 日，第一架 F-104J 首飞，三菱公司共生产了 207 架 F-104J。F-104S 是 F-104G 发展而来的截击机，可以携带多种武器，速度达 2.4 马赫，意大利根据许可证生产了 165 架。

一般说来，飞行员很喜欢 F-104。座舱设计良好，空间充裕，所有的仪器和开关按照常规布置，视野优良。鼻轮转向装置使其便于在地面移动，起飞滑跑速度可达 100 节。在空中，"星战士"很稳定，但操纵杆比较重。做特技飞行时，翻滚能力平平，转弯能力较差。表速 500 节时，转一圈需要 3050 米的空间。进场和降落没有太大问题。一般采用恒速进场，根据油量的不同，速度在 175～205 节之间。机轮刹车装置很有效，每个机轮都有发电设备提供刹车保护。速度超过 367 千米／小时，可以使用尺寸达 5.5 米的减速伞。另有停机钩以备紧急情况时使用。

洛克希德 F-104G "星战士"

类　型：单座多用途攻击战斗机

发动机：1 台通用电气公司生产的推力 7075 千克的 J79-GE-11A 涡喷发动机

性　能：15240 米高空最大飞行速度 1845 千米／小时；升限 15240 米；航程 1740 千米

重　量：空重 6348 千克；最大起飞重量 13170 千克

尺　寸：翼展 6.63 米；机身长 16.66 米；高 4.09 米；机翼面积 18.22 平方米

武　器：1 门 20 毫米通用电气 M61A-1 "火神"机炮；可在翼尖和机身下方挂载"响尾蛇"空对空导弹；共可携带 1814 千克弹药，包括"小斗牛"空对地导弹

上图：一架第49战斗机联队的黑色喷气机安详地巡航在美国新墨西哥州霍罗曼空军基地司令部附近的白沙国家公园。

洛克希德 F-117A "夜鹰"

神奇的 F-117A 隐形飞机起源于 1973 年的"海弗蓝"计划，该计划是为了研发生产一种雷达和红外信号很小甚至为零的战机的可行性。共生产了两架试验型隐形战术"海弗蓝"，1977 年在内华达州马夫湖（即 51 区）首飞。其中一架毁于意外，另一架则于 1979 年成功完成了全部测试项目。"海弗蓝"原型机证实了隐形飞机的小平面（直角平面）概念和基本的飞机形状。"海弗蓝"原型机与生产型 F-117 最大的不同在于内倾式

石图：隐形飞机驾驶员被认为是飞机驾驶员中的精英，许多人都在老一代攻击机中完成了数千小时的飞行任务，例如F-111飞机、A-7飞机和A-10飞机。存在许多关于驾驶室能见度范围缺陷的评论，这是由于F-117的沉重的座舱盖导致的。

上图：从正前方观测，F-177A经常被描述为类似于"星际战争"中的某种东西。从这个角度来看，厚重的框架构成了驾驶舱和它下部的架构，从武器舱伸出一对挂架来挂载设备。

右图：如果"夜鹰"要执行远程目标打击任务，进行空中加油是必不可少的内容。在雷达静默状态下进行空中加油是常规训练科目，而且在夜间进行这种操纵时，照明仅仅由驾驶舱上部的微弱光亮提供。

下图：F-117A的近期规划是确定的，但是F-117B的规划并没有制定。这是一款进行了重大改进的新模型，以期达到大幅度提高载弹量和具备更先进的系统。A/F-117X是为海军部门设计的版本，它也是基于这款飞机的。

垂尾，安装于主机身外侧，位置比生产型F-117的垂尾靠前。机翼前缘呈72.5度角。"海弗蓝"采用了很多其他飞机的即有系统，如F-16的线传飞控系统。"海弗蓝"还使用了F-16的侧杆控制器，起落架则来自诺斯罗普F-5。两台发动机来自罗克韦尔T-2"七叶树"。飞控系统的信息来源于机身前部的3个静压传感器和3个总压探测器（1个位于机头，两个位于座舱风挡外框）。"海弗蓝"1001的众多仪表可显示各基本系统的数据。"海弗蓝"排气口的下唇比F-117还要长，两个排气口的指向相交于中心线上的一点。当攻角超过12度时，喷嘴下部形成

的双位板会自动向下倾斜。

"海弗蓝"的评估完成后，洛克希德公司获得了65架生产型F-117A的订单。其中5架用于评估，但是有1架在交付前坠毁。F-117A首飞于1981年6月，1983年10月服役。F-117A是一种单座亚音速飞机，安装两台不带加力燃烧室的FE F404涡扇发动机，排气口采取了屏蔽措施以降低热排放（如热屏蔽瓷砖），达到红外信号最小化。小平面可以散射雷达波；吸波材料和导电涂层的透明化处理进一步降低了F-117A的雷达信号。飞机的机翼前缘后掠角很大，后缘呈W形，尾翼呈V形。武器安装在两个内舱的下

左图：20世纪80年代，市面上的传闻和美国空军的信息泄露，使得航空爱好圈人士热切地期望发掘隐形技术的秘密。一些航空设计师提出来许多关于这个涉密的飞机的概念草图和设想外形，不过等到F-117解密公布后，所有设想都被证实是不符合实际的。

下图：在1988年以前，所有执行任务的F-117飞机包括训练任务都在夜间飞行。无可避免，这会引起飞行员疲劳，导致2～3架F-117损毁，其中包括1986年7月由罗斯·E.穆尔哈尔少校驾驶的一架坠毁于红杉国家公园。

下图：在1988年11月11日，美国国防部公共事务助理部长公布了这张画面模糊的F-117的图片，这张精心挑选的图片掩盖了飞机的许多关键设计特征。

左图：洛克希德公司提供的一张早期拍摄的F-117A的照片，是揭开该型机与众不同的设计特点的第一批照片。该型机经过了多年的试验，基础设计测试在两架名为"海弗蓝"的试验机上进行的。

摆式挂架。F-117A 采用了四余度线传飞控系统、用于安装前视红外（FLIR）和激光指示器的可旋转挂架、平视和下视显示器、激光通信器和整合于数字化航电设备之中的导航／攻击系统。

第 37 战术战斗机联队的 F-117A 在 1991 年的海湾战争中发挥了重要作用，对高优先级目标发起了首轮攻击；之后又在巴尔干地区和阿富汗大显身手。1990 年 7 月，最后 59 架 F-117A 交付使用。"夜鹰"与诺斯罗普·格鲁曼 B-2"幽灵"隐形轰炸机一起，成为美国空军的首要进攻武器。F-117 对空战的巨大影响，与其瘦小的机体形象成了巨大的反差。在"沙漠风暴"行动中，F-117 的首要目标是高价值的指挥、控制和通信设施，通过"斩首"使敌人失去对部队的控制力。此类目标包括领导层的掩体、指挥所和防空与通信中心。这种目标大都具备良好的防御能力，并且经过加固，能够抵御常规攻击，而且通常位于居民区，脆弱之处通常只有一处或两处，如通风井，炸弹很难造成太大破坏。这就需要投掷高能钻地炸弹，并使附带伤亡最小化，意味着飞机的攻击精度非常高、生存能力非常强。F-117 的隐身性能使其可以在不被敌方防空系统探测和骚扰的情况下进入目标区域，由于目视可见度也比较低，可以轻松寻找最佳攻击角度；而普通飞机要进入目标区域则需要超低空快速突入，同时还要避开地面防空火力，投掷精确制导武器的时间非常有限。而 F-117 的飞行员却可以从容操作精密的武器系统发起精确打击。如果战略目标逃跑，F-117 还可以发起遮断攻击，对桥梁、火车站、机场和工业基地的攻击更为容易。

洛克希德 F-117A "夜鹰"

类　型：单座隐形遮断机

发动机：两台通用电气公司生产的推力 4899 千克的 F404-GE-F1D2 涡扇发动机

性　能：高空最大飞行速度 0.92 马赫；升限保密；航程保密

重　量：空重大约 13605 千克；最大起飞重量 23810 千克

尺　寸：翼展 13.20 米；机身长 20.08 米；高 3.78 米；机翼面积 105.9 平方米

武　器：武器舱旋转挂架可携带 2268 千克武器，包括 AGM-88 "哈姆" 反辐射导弹，AGM-65 "小牛" 空对地导弹，GBU-19 和 GBU-27 激光制导炸弹，BLU-109 激光制导炸弹和 B61 自由落体核炸弹

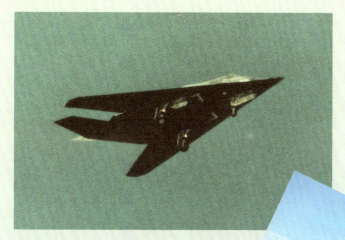

左图：F-117从来没有制造双座教练版，一个改装并列单座的构型被提出，但是没有开展工作。作为替代美国空军采用A-7D飞机。

下图：洛克希德F-117A隐形飞机在20世纪末和21世纪初从海湾战争到科索沃战争的几次局部战争中发挥了重要作用。从机头看去，可以清晰地看到座舱风挡外框和武器舱中伸出来的一对挂架。

上图：飞行中途加油在F-117的执行任务中是非常重要的环节。图中显示在日间飞行中，F-117从KC-10加油加补充燃料。现在的服役中，远程的和更加安全的训练计划安排在日间飞行时间。

右图：大量的关于F-117的真实外形和功能虚假信息被披露出来。虚假的新闻报道讨论了飞机拙劣的飞行品质，以及塑料构件使得飞机结构华而不实而且构造不精细。F-117项目的最终公开，只是证明了美国空军在尝试对自己的革命性武器系统的保密过程中相当成功。

F—117A 飞行员座舱位置较高，拥有良好的前视、侧视和下视（机头倾斜角很大）视野，但是由于机身和发动机舱较大，后视视野几乎为0。飞行员座椅是麦克唐纳·道格拉斯公司的机组成员逃生系统（ACES）弹射座椅，座舱框架很坚固，装有5块平板玻璃。

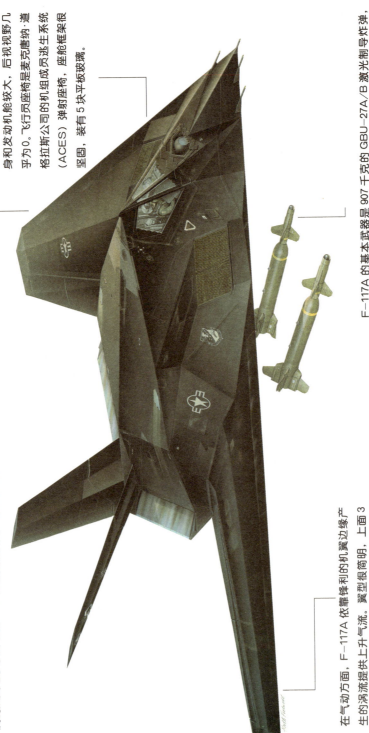

F—117A 的基本武器是 907 千克的 GBU-27A/B 激光制导炸弹，安装增强型 BLU-109B 钻地弹头。这种飞机可以做出水平投弹、爬升投弹、俯冲投弹和小角度减速投弹（LADD）等投弹方式，但通常只采用直线飞行水平飞越投弹。

设计一种具有真正意义上的隐身性能和放宽静稳定度的飞机，几乎是不可能的，因此 F—117 采用了线传飞控系统来保证稳定性。这种飞控系统是基于通用电气公司下属的天文电子学公司在 F—16 上成功运用的四余度系统。

在气动方面，F—117A 依靠锋利的机翼边缘产生的涡流提供上升气流。翼型很简明，上面 3 块平面翼段，下面两块。扁平的后翼翼面与机身下部翼面结合，在飞机下方形成一个整体升力面。

波斯湾的高科技战争

"沙漠风暴"行动中最引人注目的莫过于 F-117A 型"夜鹰"式战斗机。虽然它们在巴拿马危机期间短暂地露面过，但"沙漠风暴"行动是它们第一次正式部署到海外作战。隐身战斗机的机身呈现多面体形，雷达波接触面小，它们一登场即被派去执行最严苛的任务，打击伊拉克境内层层防御的战略目标。

F-117A 在精密惯性导航系统（INS）的引领下飞往目标，飞行员利用前视红外线侦测器搜索并加以确认，再透过俯视红外线／激光标定塔进行追踪、锁定与投弹。这就是许多 F-117A 的典型攻击模式，必须在环绕目标、飞行员确认瞄准点（通常很小，而且有完善的伪装）之际，将飞机的性能发挥到极限。大部分的情况下，传统攻击机飞抵这些需要精确定位的目标之前，都难以幸存。

到目前为止还没有资料揭露伊拉克部队是否有能力追踪到 F-117A 战机，可是从没有任何一架"夜鹰"遭击落的事实来看，似乎代表它们并未具备这样的能力。虽然一些红外线侦测器或许能够找出战机的热源，但 F-117A 独一无二的陶瓷瓦"鸭嘴"喷射口大大降低了红外线的轨迹，使它们很难被侦测出来。

传言中，另一款在波斯湾战争出现的匿踪机为 TR-3A 型，不过消息尚未证实，该型机是否真的存在亦不得而知。关于这种飞机出没的可疑证据是在战后才被报道，据信已有几架于美国空军的 F-117A 单位旗下服役。消息指出，它是一款侦察平台，而且是在航向指定目标的影带中曝光。影像推测是由 F-117A 的前视红外线侦测器所捕捉到的，但仔细研究以后，似乎是由其他的飞机所拍摄。

下图：第37战术战斗机中队的一架F-117A飞过内华达州托诺帕试验场上空。F-117的隐身性能使其可以在不被敌方防空系统探测和骚扰的情况下进入目标区域，寻找最佳攻击角度。

上图：洛克希德F-80"流星"是美国第一种投入使用的喷气战斗机。图中这架是F-80B，也是第一种安装弹射座椅的飞机。F-80B很快被F-80C取代，F-80C是主要的生产型号。

洛克希德 F-80 "流星"

　　洛克希德P-80"流星"是美国第一种投入使用的喷气战斗机，与英国的同类飞机一样，这种飞机也采用了常规布局，成为第二次世界大战后5年中美国战术战斗轰炸机中队和战斗截击机中队的主力。XP-80原型机是围绕一架德·哈维兰H-1喷气飞机设计的，这架H-1飞机于1943年7月交付美国，仅仅143天后XP-80便生产出来了，于1944年1月9日首飞。1945年4月，两架YP-80被运往英国，交付第8航空队，另外两架运往意大利，但是这些飞机在欧洲还没有进行作战飞行，战争就结束了。1945年年底，早期生产型P-80A交付美国陆军航空队第412战斗机大队，

1946年7月改称第1战斗机大队，下辖第27、第71和第94战斗机中队。1948年7月12日，作为对苏联封锁柏林的回应，战略空军司令部命令第56战斗机联队（戴维·先令中校率领）的16架洛克希德F-80A离开密歇根州塞尔弗里奇机场，途径缅因州道空军基地、加拿大拉布拉多市鹅湾、格陵兰岛布鲁易西方一号机场、冰岛雷克雅未克，最终降落在英国斯托诺韦，这次横跨大西洋的飞行耗时5小时15分钟。7月21日，这些战斗机又飞往汉普郡奥迪厄姆。在奥迪厄姆稍作停留，F-80飞往德国福斯滕费尔德布鲁克参加为期6周的演习，包括为B-29护航，之后这些飞机返回美国。

这架RF-80A隶属第15战术侦察中队，1952年时其基地在汉城金浦机场。"流星"在朝鲜战场上表现出色，后期F-84"雷电喷气"取代它执行对地攻击任务。

同年8月初，美国海军"西西里"号航空母舰和美国陆军"基施鲍姆"号运输舰将第36战斗机联队的72架F-80运往英国格拉斯哥，经过卸载和检修之后，这些飞机分别于8月13日和20日飞往德国福斯滕费尔德布鲁克。

P-80A之后是P-80B，F-80C（P是英文"驱逐机"的首字母，此时更换为"战斗机"的首字母F）是主要的生产型号。在朝鲜战争中F-80C是主力战斗轰炸机，在前4个月内出击15000架次。飞行员发现这种飞机非常适合低空

扫射，但是F-80却并不比朝鲜的雅克夫列夫和拉沃金活塞战斗机的机动性高多少，更别说美国的喷气式飞机最初都携带着炸弹和火箭弹执行对地攻击任务。尽管有这些不足，F-80还是击落了多架朝鲜飞机。1950年6月28日，即开战第三天，F-80首开战果，驻扎在日本板附的第35战斗机中队（绰号"美洲豹"）成为美国第一支击落敌机的喷气机中队。交战时，F-80正在为北美"双发野马"护航。雷蒙德·E.席勒耶夫上尉率领4架飞机进入汉城地区，发现了4架伊留

洛克希德F-80C"流星"

类　型：单座战斗轰炸机

发动机：1台艾利森公司生产的推力2449千克的J33-A-35涡喷发动机

性　能：海平面最大飞行速度956千米／小时；升限14265米；航程1328千米

重　量：空重3819千克；最大起飞重量7644千克

尺　寸：翼展11.81米；机身长10.49米；高3.43米；机翼面积22.07平方米

武　器：6挺12.7毫米机枪，外加两枚454千克的炸弹和8枚火箭弹

后期生产的 F-80C 安装了艾利森 J33 离心式涡喷发动机，带有喷水器。只要把管状整体式机身挪开，就可以更换发动机。

F-80 飞行员坐在简陋的弹射座椅上，座舱轻微加压。由于没有合适的空调和通风设备，在炎热潮湿的室外环境中，座舱很容易过热。

F-80C 机身前部集成了 6 挺 12.7 毫米机枪，每挺机枪备弹 300 发。翼下武器挂架可携带 10 枚 127 毫米高速航空火箭（HVAR）。适合执行对地攻击任务，特别是攻击车辆。

"流星"家族的一大特征，机翼油箱在朝鲜战争中非常必要。每一个"三泽"油箱可装载 757 升燃油，取代了机翼能携带 625 升燃油的"泪珠"油箱。油箱和机尾上花哨的红色条纹说明这架 F-80C 隶属第 8 战斗轰炸机联队第 36 战斗轰炸机中队。

上图：正是P-80很差的安全记录最终说服了洛克希德公司要继续生产双座教练机型，这是很有讽刺意味的。第一架TP-80C是从一架P-80C改成的，从1948年3月22日开始飞行。总共制造了6750多架T-33A生产型飞机，包括在加拿大和日本生产的近900架。

申伊尔－10编队正试图攻击从汉城金浦机场起飞的美国运输机，4架伊尔－10全被击落。"流星"的历史地位注定无法代替——1950年11月8日，第51战斗机联队的拉塞尔·布朗少尉击落了一架米格－15喷气战斗机，这也是历史上第一次喷气机对喷气机的空战。在朝鲜战争初期，"流星"零星参加过几次空战，它曾是美国空军的防空主力，直至1950年性能更出色的F－86A"佩刀"的到来。

RF－80C是一种照相侦察机。"流星"共生产了1718架，很多飞机后来被改装为靶机。

上图：

上图：空中加油是每次任务的一个组成部分。SR-71A在地面上的燃油泄露很严重，它需要特别长的跑道进行满油载荷起飞。所以，起飞后要立即与加油机会合。

洛克希德 SR-71A "黑鸟"

1964年7月25日，美国总统林登·B.约翰逊揭开了军用航空器历史上最秘密项目之一的面纱的一角。约翰逊宣布："SR-71的飞行速度超过3倍音速，能够在80000英尺以上的高空飞行。它使用了各种世界上最为先进的侦察设备。这种飞机能够为美国战略部队提供最出色的远程侦察能力。在军事对抗或者其他美国军队与外国军队遭遇的情况下，这种飞机将派上用场……"

约翰逊总统说得不错，但有一点说错了。这种飞机最初命名为RS（侦察系统）71，但是官方最终认为与其通知约翰逊总统他说错了，还不如把飞机的名字改为SR-71省事。

上图：1986年，美国国家航空航天局（NASA）的SR-71B被用来培训美国空军飞行员，处于退役状态的"黑鸟"被重新激活，代表北约执行各种任务。图中这架训练飞行中的双座教练机正舒服地躲在KC-135加油机身后。

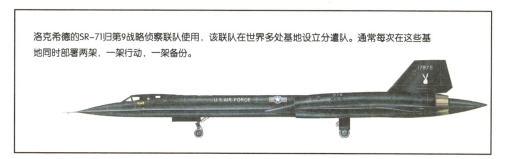

洛克希德的SR-71归第9战略侦察联队使用，该联队在世界多处基地设立分遣队。通常每次在这些基地同时部署两架，一架行动，一架备份。

SR-71 的研制工作始于 1959 年。当时由洛克希德公司专门负责高级开发计划的副总裁克拉伦斯·L. 约翰逊带队，设计一种彻底超越洛克希德 U-2 的新飞机，执行战略侦察任务。该项目称为 A-12，这种新飞机是在绝密条件下研制的，最终在洛克希德公司伯班克工厂（即所谓的"臭鼬工厂"）的一个严格限制人员进出的厂房中成型。1964 年夏天，当该计划浮出水面时，该型机已经生产了 7 架。此时，A-12 已经开始在爱德华兹空军基地进行各种测试，在 70000 英尺高

空的飞行速度超过 2000 英里／小时。早期试飞还为了检验 A-12 是否适合作为远程截击机。1964 年 9 月，试验型截击机改型在爱德华兹空军基地与公众见面，称为 YF-12A。

YF-12A 只生产了两架，之后截击机计划被取消了。但是战略侦察型得以继续发展，1964 年 12 月 22 日，SR-71A 原型机首飞。第一架飞机交给了战略空军司令部。1966 年 1 月 7 日，一架 SR-71B 双座教练型（编号 61-7957）交付加利福尼亚州比尔空军基地第 4200

洛克希德 SR-71A

类　型：双座战略侦察机
发动机：两台普拉特·惠特尼公司生产的推力 14740 千克的 JT11D-20B 涡喷发动机
性　能：24385 米高空最大飞行速度 3220 千米／小时；升限 24385 米；航程 4800 千米
重　量：空重 30612 千克；最大起飞重量 78000 千克
尺　寸：翼展 16.94 米；机身长 32.74 米；高 5.64 米；机翼面积 149.10 平方米
武　器：无

这种飞机还安装了高分辨率的机载侧视雷达（SLAR）系统，能够昼夜全天候收集 SR-71 两侧 10～80 海里范围内目标的图像情报；可以拍摄宽 10～32 千米、长 4000 海里狭长范围的图像。此外，SR-71 安装了电子情报（ELINT）接收器，能够收集半径 700 千米范围内的电子信号。

由两套空气循环系统组成的复杂环境控制系统，为座舱和其他机载系统提供加热和冷却空气。3 套液氧转化器（其中 1 套是备份）为机组成员供氧，弹射座椅的救生包中有应急供氧设备。

SR-71 主要的光学探测器是两台距为焦距为 48 英寸的照相机，能够航拍飞行路径（飞行距离在 1544 千米至 3000 千米）两侧的地形。机头的光学相机用于拍摄敌方边境纵深的全景倾斜图像。有了这种光学相机，SR-71 可以拍摄 2735 千米至 5421 千米的狭长地带。在正常飞行高度上使用一种光学相机系统，1 架 SR-71 可以在 1 小时内拍摄 155340 平方千米的区域。

SR-71A 计划早期的一大问题是研制一种高闪点燃料。这种燃料最初称为 PF-1，后来改称 JP-7，只有在很高的温度下才能点燃，降低了高马赫数飞行时机体温度过高导致燃料意外着火的风险。

战略侦察联队（SRW）。第4200战略侦察联队组建于一年前，当第一架SR-71交付时，被选中的机组成员已经在诺斯罗普T-38上进行了复杂的训练。同样是在一年前，即1965年7月，8架T-38到达比尔空军基地。

1966年6月25日，SR-71仍在交付之中，第4200战略侦察联队改称第9战略侦察联队，下辖第1和第99战略侦察中队。1968年春天，由于U-2在萨姆导弹的威胁下日益脆弱，美国决定在冲绳岛嘉手纳空军基地部署4架SR-71，专门负责侦察东南亚地区。这一次部署被称为"巨达"，是一次长达70天的临时任务（TDY），机组成员在比尔和嘉手纳之间来回换班。飞机则留在原地，并在此逐步形成了第9战略侦察联队第1分遣队。1968年4月，SR-71第一次前往越南执行任务，此后每周都要执行此类任务3次。

SR-71在英国的部署开始于1976年4月20日，当时64-17972号机在皇家空军米尔登霍尔基地执行为期10天的临时任务。同年，SR-71在皇家空军米尔登霍尔基地的部署成为常态，在英国的SR-71隶属第9战略侦察联队第4分遣队（第4分遣队最初是一支U-2分遣队，但是在20世纪80年代初U-2转移到了皇家空军阿康拜基地）。SR-71在英国每次都是同时部署两架，在苏联的北极、波罗的海和地中海地区上空执行侦察任务。1986年4月16日，驻扎在英国的F-111和美国海军舰载机对利比亚执行完攻击任务后，第4分遣队的两架SR-71A（编号64-17960和64-17980）前往利比亚执行攻击后的侦察任务。一次派出两架SR-71执行同一项任务很少见。

马赫数 3 时的偏航

1.正常飞行：在正常飞行时，计算机控制的发动机进气道中心体在进气道的入口处形成了一个超音速激波。中心体使得精确量的气体进入发动机。

2.未起动：激波从进气道出来是经常发生的事情，造成进入受影响发动机的气体损失，大大减少了飞机一侧的推力。飞行员接过控制，用手动控制中心体。

3.严重偏航和过度修正：未起动在加速阶段是很严重的。这时，两台发动机都产生了巨大的功率。不对称推力造成严重的偏航，这通常是在马赫数3的速度发生的。把进气道前移可重新捕获激波并恢复推力，但是，对初始偏航的反向过度修正可造成瞬间摆动。

上图：U-2R/U-2S型飞机自1967年开始服役，起初仅是早期型号的加大版，之后全面替换早期型U-2飞机。

洛克希德 U-2

1954年3月，洛克希德公司首席设计师克拉伦斯·L.约翰逊提议为美国空军设计一种高空侦察机，因为朝鲜战争已经证明：现有的侦察机在敌方上空的生存概率很低。这就是后人所知的洛克希德CL-282，在F-104"星战士"机身和机尾的设计基础上，安装大展弦比机翼。但是这一提议由于发动机选型而遭到拒绝——约翰逊想选用尚处于试验阶段的通用电气J73，而美国空军却热衷可靠的普拉特·惠特尼J57。美国空军的担忧是可以理解的：在敌方上空长时间飞行，发动机的可靠性意味着生存能力。

但这没有吓倒约翰逊，他将计划提交给了中央情报局（CIA）的官员。在

上图：在最初服役时，在世界范围内没有能够威胁到U-2A型侦察机的战斗机或者导弹。由于洛克希德公司"臭鼬工厂"员工的优秀设计，该型飞机性能十分卓越。然而，至20世纪60年代早期，美国中央情报局使用的U-2侦察机已经采用更广为人知的全黑涂装方案。

上图：以U-2侦察机为背景，这名侦察机飞行员拿着便携式空调及制氧系统拍照。在飞行员连接到飞机自身的系统之前，飞行员需要携带该便携式系统。（由于飞行员飞行过程中吸的是100%纯氧，因此需要在地面提前一小时开始呼吸100%的纯氧，以便于将肺中的氮气清除。）

左图：NASA用第一代的U-2C（图中上面那架）型侦察机进行了很多高空飞行试验。而由于U-2R型侦察机具有更大的机身，因此具有更大的任务载荷承载能力，为此NASA努力获得了两架该型侦察机，作为高空试验用飞机ER-2。这架飞机（图中上面那架）最初是为空军制造的TR-1A战术侦察机的第3架，后来被NASA长期租借。

左图：U-2高空侦察机能够维持长时间的任务飞行，这使得它成为一款能够服务于美国不断增长的军事行动的极其有效的侦查平台，例如在前南斯拉夫波斯尼亚的军事行动中，就有U-2侦察机的身影。

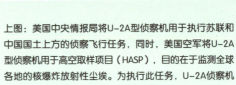

上图：美国中央情报局将U-2A型侦察机用于执行苏联和中国国土上方的侦察飞行任务，同时，美国空军将U-2A型侦察机用于高空取样项目（HASP），目的在于监测全球各地的核爆炸放射性尘埃。为执行此任务，U-2A侦察机在机身左侧加装了一部用于收集微粒的"嗅探器"吊舱。

下图：最新的U-2型侦察机上探测设备是"高级齿轮"（Senior Spur）型，该设备拥有高性能合成孔径雷达（ASARS-2）图像的卫星数据链传输功能。这架U-2型侦察机还装配有"高级红宝石"（Senior Ruby）型机翼吊舱。

上图：U-2A型高空侦察机凭借其长机翼能够飞行到极限高度——超过75000英尺（22860米）。尽管苏联方面一直致力于"萨姆"（SAM）防空导弹系统的研发，期望能够终结U-2A型侦察机在苏联国土上空肆无忌惮的飞行，但在20世纪50年代后期，飞行在这一高度上的U-2A型侦察机仍无法被有效拦截和威胁。

下图：美国空军的第4028战略侦察中队隶属于第4080战略侦察联队（SRW），装备有U-2A型高空侦察机。第4080战略侦察联队位于得克萨斯州的拉福林（Laughlin）空军基地，同时装备有马丁公司的RB-57D型侦察机。

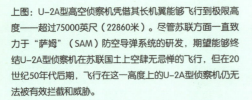

与CIA局长艾伦·杜勒斯和CIA研究与发展主任乔·查理克博士会谈后，最终达成了协议——约翰逊要围绕普拉特·惠特尼J57涡喷发动机重新设计CL-282，但仍可保留很多F-104的特征。约翰逊表示洛克希德生产20架飞机及零件需要花费2200万美元并在合同签署后8个月内生产出原型机。

1954年12月9日，CIA授予了洛克希德公司一份研发合同，名为"感光板计划"，CIA提供机身经费，美国空军提供发动机经费。原型机是在绝密条件下制造的，由洛克希德公司高级开发计

本图：为位于北部基地中美国中央情报局所属的一架 U-2R型侦察机和一架U-2C型侦察机。从图中可以看出，两架飞机在尺寸上有很大差异。由于机密的内华达飞行测试基地需要对其他机密飞机进行测试，如洛克希德公司的 A-12飞机，因此美国中央情报局将U-2型侦察机的部署移出格鲁姆湖（Groom）。

划办公室伯班克工厂（即所谓的"臭鼬工厂"）工程部负责。"臭鼬工厂"这一名字起源于《李·艾伯纳》动画片中的角色，他在一个简陋的棚屋内利用臭鼬、旧靴子和其他手边的东西酿造"基卡普啤酒"。1943年开始使用这个名字，当时XP-80的设计工作在伯班克工厂一个由发动机木箱和马戏团帐篷临时搭建的车间内进行，附近有一个臭气熏天的塑料工厂。

飞机最初被称作中央情报局341号物品，就像一架安装了喷气发动机的滑翔机——机身修长，长锥形机翼，高高的垂尾和方向舵。洛克希德 U-2注定要成为最具争议性和政治爆炸性的飞机。

1955年8月，U-2首飞，很快就接到了52架的生产订单。1956年 U-2开始飞越苏联和华约组织国家领空。1960年5月1日停止，当时中央情报局的飞行员弗朗西斯·G. 鲍尔斯在斯维尔德洛夫斯克附近被苏联的SA-2导弹击落。1962年古巴导弹危机时期，U-2开始飞越古巴上空，1架被击落。1965年至1966年间，U-2还出现在了北越上空。U-2R是最后一款 U-2改型，但是1978年美国重启U-2生产线，生产了29架由 U-2R发展而来的TR-1A战场监视飞机。90年代，所有的TR-1A改称U-2R。

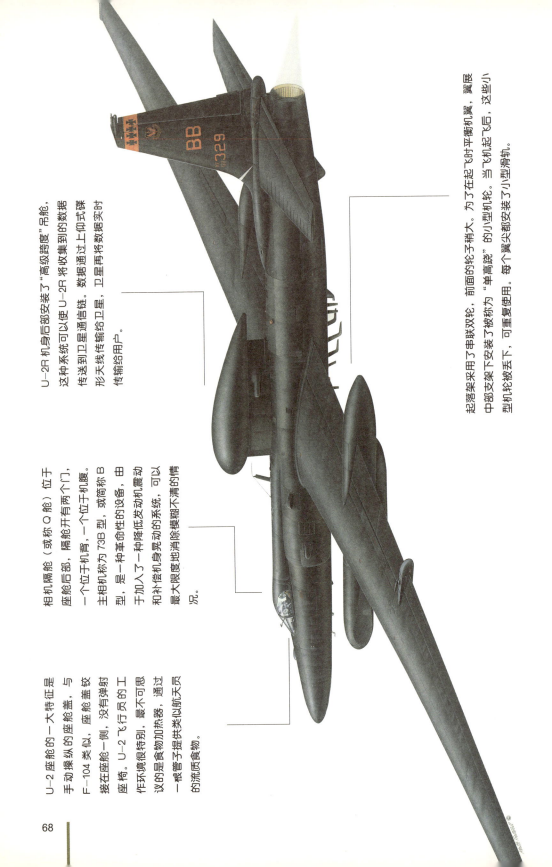

U-2座舱的一大特征是手动操纵的座舱盖,与F-104类似,座舱盖铰接在座舱一侧,没有弹射座椅。U-2飞行员的工作环境很特别,最不可思议的是食物加热器,通过一根管子提供类似航天员的流质食物。

相机隔舱(或称Q舱)位于座舱后部,隔舱开有两个门,一个位于机背,一个位于机腹。主相机称为73B型,或简称B型,是一种革命性的设备,由于加入了一种降低发动机震动和补偿机身晃动的系统,可以最大限度地消除模糊不清的情况。

U-2R机身后部安装了"高级跨度"吊舱,这种系统可以使U-2R将收集到的数据传送到卫星通信链,数据通过上仰式碟形天线传输给卫星,卫星再将数据实时传输给用户。

起落架采用了串联双轮,前面的轮子稍大。为了在起飞时平衡机翼,翼展中部支架下安装了被称为"单高跷"的小型机轮。当飞机起飞后,这些小型机轮被丢下,可重复使用。每个翼尖部都安装了小型滑轮。

上图：U-2R/TR-1A型高空侦察机在"沙漠风暴"军事行动中扮演了十分重要的角色，通过雷达成像技术为决策者提供了伊拉克军事部署的详细情报。图示3架U-2型侦察机在沙漠上空进行长时间的工作，在"沙漠风暴"行动结束之后返回到棕榈谷（Palmdale）维护中心进行检修。

右图：第9侦察机飞行联队的总部位于加利福尼亚州的比尔（Beale）空军基地，在此，联队为特遣小队供应及补充飞机和人员。该联队中第一侦察机飞行中队负责U-2型侦察机的训练，编制中共有4架TU-2S型侦察机的教练机。

洛克希德 U-2R

类　型：单座高空侦察机

发动机：1台普拉特·惠特尼公司生产的推力 7711 千克的 J75-P-13B 涡喷发动机

性　能：12200 米高空最大飞行速度 796 千米／小时；升限 27430 米；携带副油箱时航程 4184 千米

重　量：空重 7030 千克；最大起飞重量 18730 千克

尺　寸：翼展 31.39 米；机身长 19.13 米；高 4.88 米

武　器：无

上图：最初，F-16战斗机仅是作为一款轻型战斗机设计的，但随后飞行员发现，灵活机动的F-16型战斗机在未来将能够执行更多的任务。

洛克希德·马丁 F-16

洛克希德·马丁公司的F-16"战隼"是世界上最优秀的战机，美国空军装备过的F-16超过2000架，另外还有2000余架服役于世界各地的19支空军。2002年接到的订单为：巴林10架，希腊50架，埃及24架，新西兰28架，阿联酋80架，新加坡20架，韩国20架，阿曼12架，智利10架。以色列拥有除美国之外最大的F-16机群，订购了110架F-16I，2003年开始交货。这些F-16I将安装普拉特·惠特尼F100-PW-229发动机、以色列埃尔比特公司的航电设备、埃利斯拉公司的电子战系统、拉斐尔公司的武器和探测器，例如"蓝盾"II目标激光指示吊舱。意大利在获得欧洲

上图：F-16一直在进行升级，它的寿命延长至21世纪。2002年1月，第一架飞机完成了最新一次升级。升级计划分为几个阶段，每一阶段都针对F-16不同的设备。

下图：由于驾驶以往的战斗机飞行很多年，而在这些战斗机中视野相当有限，第一次驾驶F-16型战斗机的飞行员们描述这次经历简直就像"骑在一根巨大的铅笔上飞行"。

上图：第二架YF-16原型机在测试期间有过许多不同的涂装方案，包括上图中显示的非常吸引人的粉蓝色和白色的空优低可探测性涂装。

右图：可以看到，F-16A/B型战斗机在通用动力公司的沃斯堡（Fort Worth）工厂中正处于总装的最后阶段，该工厂一项独特的功能就是它拥有长达数英里的战斗机生产线。

战斗机"台风"之前租借了34架F-16，匈牙利也想购买美国空军淘汰的F-16。

F-16最初是由通用动力公司设计和制造的，起源于1972年美国空军的轻型战斗机选型，1974年2月2日首飞。它安装了通用电气－马可尼平视显示器和武器瞄准电脑系统（HUDWACS），通过该系统目标指示信号和飞行信号都显示在平视显示器上。HUDWACS电脑用于指引武器攻击平视显示器上显示的目标。F-16的HUDWACS能够显示出水平和垂直速度、高度、航向、爬升和翻滚扭杆、剩余航程，供飞行员参考。分5种对地攻击模式和4种空战模式。空战

下图：单座型F-16型战斗机已有许多架进行过飞行测试，但双座型的F-16型战斗机只有有限数量的飞机进行飞行测试。早期F-16型战斗机一个很大的特征就是其机头雷达整流罩是全黑色的。双座型F-16型战斗机的一个预想的角色是执行国土防空任务，也就是大家所熟知的"野鼬鼠"（Wild Weasel）任务。

时，在"快速射击"模式下，飞行员只需在平视显示器上画出连续计算弹迹线（CCIL），即可瞄准来袭敌机。前视计算机视距外（LCOS）模式用于攻击指定的目标；近距格斗模式则结合了"快速射击"模式和LCOS模式；另外还有一种空对空导弹模式。F-16的翼下外挂点可以经受住9个g的机动，因此F-16即便携带武器也能进行近距格斗。F-16B和F-16D是双座型，F-16C于1988年开始交货，航电设备进行了大量改进，发动机也可根据用户需要选择。F-16参加了黎巴嫩战争（以色列空军使用）、海湾战争和巴尔干战争。典型的挂载配置是：两个翼尖各携带1枚"响尾蛇"，机翼外侧挂点携带4枚；机身中线下方携带GPU-5／A 30毫米机炮吊舱；机翼内侧挂点和机身下方携带副油箱；机舱右侧携带"铺路便士"激光光斑跟踪器；炸弹、

上图：有4个欧洲国家选择采购并装备新型F-16型战斗机，该型战斗机不仅在飞行速度上比俄罗斯最新型的战斗机要快，更能在实战中击败对手。替换掉过时的装备，例如F-104"星座"型战斗机，F-16A型战斗机的服役使得空军力量战斗力突飞猛进。

右图：充分补给航空炸弹和空对空导弹后，这架F-16型战斗机在跑道上滑行，准备执行黄昏的轰炸任务。毫无疑问，对通用动力公司来说，F-16型战斗机绝对是一款成功的机型。

洛克希德·马丁 F-16C

类　型：单座空优战斗机和攻击机

发动机：1台普拉特·惠特尼公司生产的推力 10800 千克的 F100-PW-200 或通用电气公司生产的推力 13150 千克的 F110-GE-100 涡扇发动机

性　能：高空最大飞行速度 2142 千米／小时；升限 15240 米；航程 925 千米

重　量：空重 8627 千克（F110-GE-100），最大起飞重量 19187 千克

尺　寸：翼展 9.45 米；机身长 15.09 米；高 5.09 米；机翼面积 27.87 平方米

武　器：1门通用电气公司生产的 M61A1 多管机炮；7 个外挂点，共可携带 9276 千克弹药

F-16 的座舱和气泡形座舱罩为飞行员提供了无障得的视界和上视界,极大改善了侧视和后视视野。座椅倾斜角由 13 度增加到 30 度,极大提高了舒适性和抗荷力。

这架 F-16C 尾部的标识表明它隶属第 52 战术战斗机联队,基地位于德国斯潘达勒姆。多年以来第 52 战术战斗机联队一直都是北约的前线作战部队,以前该联队装备的是 F-4 "鬼怪"。

F-16 携带了 AN/ALQ-119 干扰吊舱,通常安装在左侧 AIM-7 导弹挂架上。它能够提供完整的电子对抗手段,覆盖了所有可能会遇到的威胁。

30 多年来,M61 "加特林" 机炮一直是美国空军战机的标准内置武器,既用于近距离离格斗,又用于低空扫射。实际上,这种机炮只有在非常近的距离上用作对空武器才有效。

F-16 正在发射 AGM-88A "哈姆" 反辐射导弹。美国空军的部分 F-16 要执行 "野鼬鼠" 防空压制任务,以前这种任务由麦克唐纳·道格拉斯 F-4G "鬼怪" 负责。

74

上图：4个欧洲国家（比利时、丹麦、荷兰和挪威）采购并装备有大量的F-16A型战斗机，在这些国家经常称之为"世纪采购"。图示为一架美国空军F-16型战斗机与上述4个国家的F-16A型战斗机编队飞行。

空对地导弹和曳光弹吊舱都挂载于4个机翼内侧挂点。F-16可以携带各种先进的视距外导弹，如"小牛"空对地导弹、"哈姆"和"百舌鸟"反雷达导弹；武器撒布器可以携带各种分弹头，如跑道阻断炸弹、小型聚能炸弹、反坦克和区域阻断地雷。

F-16一直在进行升级，它的寿命延长至21世纪。美国空军的650架F-16 Block40/50也进行了升级，称为"通用构型实施项目"（CCIP）。2002年1月，第一架飞机完成升级，该项目第一阶段是安装中心计算机和彩色座舱改装；第二阶段开始于2002年9月，包括安装先进的询问／应答器、洛克希德·马丁"狙击手"XR先进前视红外指示吊

舱；第三阶段开始于2003年7月，加装Link 16数据链、联合头盔指示系统和电子水平状态指示器。"狙击手"XR吊舱的出口版本称为"潘多拉"，被挪威皇家空军选中。"狙击手"XR整合了高分辨率的中波前视红外指示器、双模激光指示器、电视摄像机、激光光斑跟踪器和激光标示器，并采用了先进的图像处理算法。美国海军使用的"战隼"称为F-16N，订购于20世纪80年代中期，机翼经过加强，可以携带空战演习测试设备（ACMI）吊舱。1987年3月24日，第一架F-16N首飞，共交付了26架，其中3架是TF-16N双座教练机。大部分都归美国海军战斗机学校（即著名的Top Gun）使用。

上图：在防空战术空军司令部服役期间，F-15"鹰"取代了F-106。图中，来自战术空军司令部第49战术战斗机联队的F-15A与来自第5战斗截击机中队的F-106组成队形。1985—1988年，第5战斗截击机中队也成为F-15战斗机单位。

麦克唐纳·道格拉斯 F-15"鹰"

1965年，美国空军和美国多家飞机制造商开始探讨研制一种代替F-4"鬼怪"的战斗机及其机载系统的可行性。4年后麦克唐纳·道格拉斯公司被选为主承包商，这种新型战斗机被称为FX，即后来的F-15A"鹰"。1972年7月27日，F-15A首飞。1975年，第一批作战飞机交付美国空军。尤其是苏联米格-25"狐蝠"截击机出现后，该计划的紧迫性大大加强。米格-25的研制初衷是为了应对美国新一代战略轰炸机（如北美 XB-70"瓦尔基里"，该计划后来被取消）的威胁。

F-15B串联双座型与F-15A是同时研制的，F-15C是主要生产型。

下图：首批两架一类飞机在爱德华兹基地准备飞行测试。71-0281（右）主要是发动机测试平台；而71-0280则负责飞机包线扩充、操纵以及外挂武器挂架。

上图：在F-15"鹰"的研发中不同寻常的一点就是在主要机型首飞之前采用了遥控研究机来搜集数据。这种举措被认为是极为成功的。

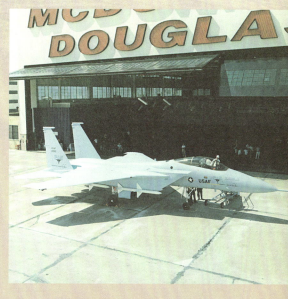

上图：首架即将完成的F-15编号为71-0280。图示为1972年6月26日该机出现在圣路易斯的出厂典礼上。安装上的AIM-7"麻雀"导弹是导弹模型。

上图：这架编号为71-0291的飞机在完成测试工作后，开始了一次大型的商业活动。1976年4月的4天时间内，其展示了法国国旗标以及途中访问的其他国家的国旗标志。

F-15E"攻击鹰"是专门的攻击型,F-15C则用于建立和维持空中优势。1991年海湾战争中，F-15E参加了前线精确轰炸任务。日本根据许可证生产的F-15C称为F-15J。提供给以色列的F-15E称为F-15I，提供给沙特阿拉伯的F-15E称为F-15S。美国空军共装备过1286架F-15，日本171架，沙特阿拉伯98架，以色列56架。F-15参加过多次实战，如1991年的海湾战争。80年代以色列空军驾驶F-15在贝卡谷地与叙利亚空军交战。

简而言之，在可预见的未来，F-15"鹰"的性能远超过它可能遇到的对手——无论是超视距（BVR）空战，还是近距离缠斗。为了达到这一目标，F-15的设计有很多创新之处。例如，F-15的机翼有一个锥形弯度，翼型达到了最优化，以降低高速飞行时的阻力。翼弦的最后20%经过加厚，以延缓附面层分离，从而降低阻力。水平尾翼做成平板状，有利于增强机动性。两块水平尾翼可独立操纵，与副翼相配合，实现平面控制和俯仰控制。它们可以极大地

下图：1976年，首架F－15B采用了200周年纪念涂装方案，开始了一场商业性全球巡飞活动。这次活动中，该机参加了在英格兰汉普郡举办的英国宇航公司协会法恩伯勒航空展，这是一个具有悠久历史的国际性航空盛事。

上图：二类全尺寸试验机与投产机型较为相似，用于进一步的飞机测试。这架编号为72－0118的试验机主要用于操纵测试，但是后来与其他3架二类试验机一起被派往以色列。

左图：1975年第1战斗机联队换装了F－15A／B，是首个具备作战能力的F－15"鹰"式战斗机单位。该联队第27战斗机中队宣称是美国空军资格最老的飞行中队，其历史可以追溯到1917年6月15日。

补偿大攻角飞行时的副翼失效，这在近距离格斗时非常重要。飞机的双垂尾位置也很讲究，将涡流引离机翼，保持大攻角飞行时的方向稳定性。F-15C是截击型，翼载仅有25千克／平方米，再加上两台普拉特·惠特尼公司生产的推力10779千克的F-100-PW-220涡扇发动机，因此具有出色的转弯性能，作战时的推重比可达1.3∶1。较高的推重比使F-15在183米长的跑道上仅用6秒钟的时间就能拉起；在飞行员要脱离交战时，超过2.5马赫的最高速度可以使它有足够的余地摆脱纠缠。

为了提高生存能力，"鹰"的结构上具有足够的冗余度，例如，当1个垂尾或3个翼梁中的1个断裂时，飞机仍不会坠毁。F-15的两台发动机也有冗余度，燃油系统具有自动密封性能，可以阻止起火和爆炸。

F-15的主要武器是AIM-7F"麻雀"雷达制导空对空导弹，射程达35英里。"鹰"可以携带4枚"麻雀"导弹，另外还可携带4枚AIM-9L"响尾蛇"导弹做较近距离的拦射、1门通用电气20毫米M61转管机炮用于近距离格斗。机炮安装于右侧机翼根部，通过安装在机身

下图：冷战时，第57战斗截击机中队部署于冰岛，1985年该中队的F-4"鬼怪"被F-15"鹰"代替。图中是该中队的两架F-15C正在拦截一架苏联图-95"熊"。

从尾部标识可以看出，这是第33战斗机联队第58战术战斗机中队的一架F-15C。在海湾战争中，该中队的4架F-15C击落了16架敌机。最著名的飞行员当属瑞克·帕森斯上校和安东尼·R.墨菲上尉。

内部的弹鼓供弹，备弹940发。F-15安装的休斯AN/APG-70多普勒空对空雷达具有良好的下视功能，具有多种模式，能够发现185千米外的目标，在突袭评估模式下，可以将敌机密集编队分成单个目标，使F-15飞行员占有战术优势。

在基本搜索模式下，当雷达探测到目标后，飞行员只需使用操纵杆上的选择器将雷达回波括入，就可以锁定和跟踪目标。已锁定的雷达将会显示出攻击信息，如目标接近速度、距离、方向、高度间隔和其他管理F-15武器发射的相关参数。当目标进入F-15的武器杀伤范围时，飞行员可以决定通过下视虚拟态势显示器（同步显示战术态势）攻击目标，还是通过平视显示器进行目视攻击。

F-15E"攻击鹰"是F-15的后期发展型，也是麦克唐纳·道格拉斯公司的一次冒险。原型机首飞于1982年。"攻击鹰"有两名机组成员，前座是飞行员，后座是武器和防御系统操作员。安装了必要的航电设备，因此占用了一个机身油箱的位置。安装了更为经济和可靠的发动机，而不需要对机身进行改造。机身和起落架进行了加固，可以携带更多的武器。在海湾战争中，F-15E被用于前线精确轰炸。

左图：为了充实F-15A单座战斗机队伍，美空军又采购了58架双座F-15B。每个作战单位分到了少量F-15B以进行连续性训练，熟悉战机和飞行检查。剩余的飞机则交给了F-15训练中心。飞机的尾部有第555战术战斗机训练中队"三镍币"的标志。该中队在越战中战果最好，也是首个装配F-15的战术空中司令部的单位。

从徽章可以看出，这架F-15E隶属第48战斗机联队，基地位于英国莱肯希思（代号LN）。第48战斗机联队以前装备的是F-111F，该联队还派出F-15E参加中东和前南斯拉夫地区的多国维和部队。

F-15的一大特点是机翼面积很大，翼载因此相对较低。与苏-24等专门的对地攻击机比，F-15E的低空飞行操控性较差，但它保留了出色的空对空作战性能，因此遭受攻击时的自卫能力超强。

F-15E可以安装战术燃料与探测器（FAST）套装，即现在所谓的保形油箱（CFT），安装于机身侧面两侧进气道外侧各一个。CFT除了可以携带额外的燃料，还可以携带探测器，如侦察相机、红外设备、雷达告警接收器和干扰发射器。

与F-15A安装的电子设备相比，F-15C/E的电子设备有大幅提高。AN/APG-70雷达加装了可编程的信号处理器（PSP），这是一种高速专用型电脑，通过连线电路控制雷达模式，可以实现不同雷达模式间的快速切换，使作战灵活性最大化。

麦克唐纳·道格拉斯 F-15E "攻击鹰"

类　型：双座攻击机和空优战斗机

发动机：两台普拉特·惠特尼公司生产的推力 10779 千克的 F100-PW-220 涡扇发动机

性　能：高空最大飞行速度 2655 千米／小时；升限 18300 米；携带保形油箱时航程
5745 千米

重　量：空重 14375 千克；最大起飞重量 36733 千克

尺　寸：翼展 13.05 米；机身长 19.43 米；高 5.63 米；机翼面积 56.48 平方米

武　器：1 门通用电气公司生产的 M61A1 多管机炮；4 枚 AIM-7 或 AIM-120 空对空导
弹和 4 枚 AIM-9 空对空导弹；机翼下可携带多种弹药

左图：麦道公司研发的双座 F-15B "攻击鹰" 实验机（71-0291）性能非常出色。图中这架 F-15B 型机的翼下挂满了 Mk 7 "石眼" 集束炸弹，该机采用了整体灰和双色调的涂色方案。

下图：前线的 F-15A/B 被 F-15C/D 取代后，这些战机就被下放到空军国民警卫队的各单位中了。图示是路易斯安那州空军国民警卫队的第122战术战斗机中队的飞机。

上图：这架编号VMFA-323的F-4B型战斗机装备有AIM-7"麻雀"空对空导弹以及很重的Mk 82型航空炸弹。海军陆战队在越南上空很少有机会使用AIM-7空对空导弹，却在近距离空中支援任务中消耗了大量的弹药。

麦克唐纳·道格拉斯 F-4 "鬼怪" II

作为有史以来最有潜力、功能最多的战机之一，麦克唐纳公司（即后来的麦克唐纳·道格拉斯公司)的F-4"鬼怪"II起源于1954年的一个名为F3H-G/H的先进海军战斗机计划。该计划后来更名为F4H-1，后来又改称F-4A。F-4B是换装J79-GE-8发动机的轻微改进型。1961年10月，第一支形成全部作战能力的中队——VF-114中队，开始驾驶F-4B执勤。1962年6月，第一架F-4B交付美国海军陆战队VMF（AW）-314中队。F-4B一共生产了649架。F-4C于1963年开始交付美国空军使用，共生产了583架。RF-4B和RF-4C是为美国海军陆战队和美国空军生产的非武

下图：皇家海军是"鬼怪"的第一个海外用户。图中是"皇家方舟"号航空母舰上的海军航空兵第892中队的FG.Mk.1。1978年该中队解散后，飞机转交给了皇家空军。

装的侦察型；F-4D 则基本上是改进了
机载系统、重新设计了雷达罩的 F-4C。
F-4E 是主要的生产型，在 1967 年 10
月和 1976 年 12 月间共向美国空军交付
了 913 架。F-4E 的出口数量达 558 架。
RF-4E 是战术侦察型。F-4F（共生产
了 175 架）是专为德国空军生产的，增
强了基本的空优性能，但仍保留了多功
能性能。F-4G "野鼬鼠" 是由 F-4E 改
装而来，专门用于压制敌方防空系统。
美国海军和美国海军陆战队 F-4B 的继
任者是 F-4J，该型机极大提升了对地攻
击能力。1976 年 6 月，第一批 522 架生
产型飞机交付使用。

英国是 "鬼怪" 的第一个海外用
户，英国的 "鬼怪" 安装的是劳斯莱斯

上图：拍摄于1972年，编号VMFA-115的F-4B型战斗机打开
它的机身下方的投弹舱门，正在投放Mk 82 LDGP型航空炸
弹。该战斗机在美国海军陆战队位于东南亚的三个陆地空
军基地都执行过任务。

F-4G "野鼬鼠" 是专门用于压制防空火力的 "鬼
怪"，携带 "百舌鸟" 或 "哈姆" 反雷达导弹。这
种作战需要始于越战，当时美国空军在萨姆-2地对
空导弹面前损失惨重。

上图：为VF-213飞行中队的F-4G型
战斗机，1965—1966年间在美国海军
"小鹰"号航空母舰上执行战备值班
任务。

同麦克唐纳·道格拉斯F4D"天光"一样，F4H-1原型机安装了APQ-50雷达，而第一架生产型则换装了APQ-72。从第19架F4H-1开始，加装了81厘米长的天线，既改变了"鬼怪"的形象，又增加了雷达的探测距离。

在北越上空，"鬼怪"多次与米格-17和米格-21交战。图中这架F-4B是VF-111"落日"中队（当时部署在美国"珊瑚海"号航空母舰上）盖瑞·L.韦根卡姆（飞行员）和威廉姆·C.福雷克尔顿中尉（RIO雷达拦截员）的座驾，当时他们驾驶此架飞机击落了一架米格-17。注意进气道分流板处的击坠标志。

无论是在地面上还是在军舰上，"鬼怪"都使用无滑跑方式着陆，这有点像可控制的迫降。为了承受相当大的冲击力，机身结构需要很强。因此，F-4被设计为能够承受6.7米／秒的下沉速度。

F-4B雷达罩下方凸出的整流罩内安装的是AAA-4红外探测器。这种探测器需要从雷达获取距离数据，但之后就可以被动跟踪目标了。

RB.168-25R"斯贝"201发动机。皇家海军和皇家空军的"鬼怪"分别称为F-4K和F-4M。1968年至1969年,共有52架F-4K交付皇家海军,这些飞机后来逐步转交皇家空军固定翼飞机部队,皇家空军将其称为"鬼怪"FG.1。FG.1主要担任防空任务。皇家空军自己的F-4M则称为"鬼怪"FGR.2,装备于13个防空、攻击和侦察中队。至1978年,皇家空军的所有118架F-4M"鬼怪"都用于防空,取代了此前担任此任务的"闪电"。其他的"鬼怪"海外用户还有伊朗帝国空军,购买了200架F-4E和29架RF-4E,这些飞机后来被新政府接手,在20世纪80年代经历了漫长的两伊战争。1969年至1973年间,以色列也购买了200架F-4E,这些飞机在1973年的赎罪日战争中参加了多次战斗。F-4D"鬼怪"还出售给了韩国,作为诺斯罗普F-5A到来前的临时角色。日本航空自卫队有5个中队共装备了140架"鬼怪"F-4EJ,大多数是根据许可证生产的。1970年澳大利亚皇家空军也购买了24架F-4E。西班牙、希腊和土耳其也装备过"鬼怪"。在20世纪70年代中期,"鬼怪"是北约几支主要空军的标准装备。

左图:F-4E型战斗机在美国空军中能够执行不同的任务。最为公众熟知的就是作为雷鸟空中飞行表演队的表演用飞机。后期型F-4E战斗机显著的特征就是外翼段有板条。

麦克唐纳·道格拉斯 F-4E "鬼怪" II

类　型:双座战斗机/攻击机

发动机:两台通用电气公司生产的推力8117千克的J79-GE-17涡喷发动机

性　能:高空最大飞行速度2390千米/小时;升限18975米;携带副油箱时航程2817千米

重　量:空重12700千克;最大起飞重量26303千克

尺　寸:翼展11.71米;机身长17.75米;高4.95米;机翼面积49.24平方米

武　器:1门通用电气公司生产的M61A1"火神"机炮;机身下方携带4枚AIM-7空对空导弹;机翼下可携带5886千克各种弹药

上图：F-101B"魔术师"装备了美国空军防空司令部的16个中队，该型机共生产了359架。该型机还装备了加拿大的3个防空中队，称为CF-101B，代替了被取消了的阿芙罗公司CF-105"箭"的位置。

麦克唐纳 F-101 "魔术师"

1946 年，美国空军战略空军司令部（SAC）发布了一项所谓"渗透战斗机"的需求，主要用于给康维尔 B-36 护航，或者为轰炸机部队扫清前方的障碍，在敌方战斗机防线上撕开缺口。其中一个竞标者就是麦克唐纳 XF-88，1947 年与美国空军签订合同，开始了原型机的生产。XF-88 原型机安装两台西屋公司生产的推力 1360 千克的 XJ34-WE-13 发动机，两台发动机并排放置，位于机翼后缘后部、加长的机身后段下方。该原型机 1948 年 10 月 20 日首飞。1950 年第二架原型机安装的是 XJ34-WE-22 发动机，这种发动机的加力燃烧室变短，但是作战机动时的推力增加至 1814 千克。

XF-88 机翼非常薄，后掠角 35 度，翼展 11.79 米，机身长 16.74 米。XF-88 原型机海平面最高速度可达 1030 千米／小时，可在 4 分半钟的时间内爬升 10670 米。作战半径 1368 千米，实用升限仅 10980 米。1950 年 8 月，XF-88 发展计划被取消，当时美国空军放弃了远程重型战斗机计划，而 XF-88B 原型机则被当作超音速推进器的测试平台。

1951 年，鉴于战略空军司令部的 B-29 在朝鲜战争中的作战损失，美国空军重新提出远程护航战斗机的需求，麦克唐纳公司以 XF-88 为基础，设计了一种全新的飞机，机身经过加长以安装两台普拉特·惠特尼 J57-P-13 发动机，最高时速超过 1000 英里，升限增加到 52000 英尺，增加了机身油箱。这种新飞机就是 F-101A"魔术师"，在美国空军中担任了多年的战术支援和侦察任务，尽管"渗透战斗机"的需求后来再次被取消。

重启后的设计发生了很大的变化，机身加长了 4 米以安装额外的油箱，修改过的设计被称作 YF-101A。1954 年 12 月 29 日，原型机首飞，尽管战略空军司令部放弃了远程护航战斗机，但是这一计划转交给了战术空军司令部（TAC），它将 F-101 视作诺斯罗普 F-89"蝎子"的继任者。生产型 F-101A 安装了两台普拉特·惠特尼 J57-P-13 涡喷发动机，共生产了 75 架，装备于 TAC 的 3 个中队。第二种"魔术师"是双座型 F-101B，装备于防空司令部的 16 个中队，该型机共生产了 359 架。该型机还装备了加拿大的 3 个防空中队，称为 CF-101B，是加拿大防空力量的重要部分，它代替了阿芙罗公司先进的 CF-105"箭"，CF-105 计划因为经济原因而被取消。在接到防空警报后，加拿大皇家空军的 F-101B 通常需要 5 分钟的准备时间。由于所处的地理位置独特，拦截苏联侦察机的任务大多是由安大略省查塔姆的第 416 中队负责。F-101C 是 TAC 的一种单座战斗轰炸机，1957 年 5 月加入第 27 战斗轰炸机联队第 523 战术战斗机中队。F-101C 装备过 9 个中队，但是服役生涯却很短暂，20 世纪 60 年代初就被更先进的飞机所取代。1958 年至 1965 年，第 81 战术战斗机联队装备的 F-101C"魔术师"，部署于英国萨福克郡的本特瓦特斯皇家空军基地，后来该型机被 F-4C"鬼怪"取代。"魔术师"所取代的第 81 战术战斗机联队的 F-84F"雷电"，则转交给了联邦德国空军。

在 20 世纪 70 年代，麦克唐纳 F-101B/F"魔术师"装备了空中国民警卫队的 7 个中队，例如明尼苏达州的第 179 战斗截击机中队，该中队的"魔术师"从 1971 年 4 月使用到 1975 年冬天。

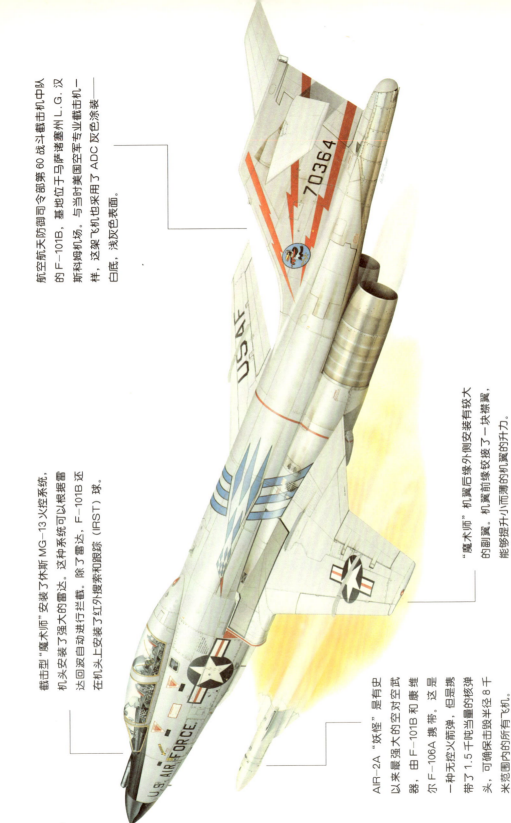

航空航天防御司令部第 60 战斗截击机中队的 F-101B，基地位于马萨诸塞州 L.G. 汉斯科姆机场。与当时美国空军专业截击机一样，这架飞机也采用了 ADC 灰色涂装——白底，浅灰色表面。

截击型"魔术师"安装了休斯 MG-13 火控系统，机头安装了强大的雷达。这种系统可以根据雷达回波自动进行拦截。除了雷达，F-101B 还在机头上安装了红外搜索和跟踪（IRST）球。

"魔术师"机翼后缘外侧安装有较大的副翼。机翼前缘铰接了一块襟翼，能够提升升小而薄的机翼的升力。

AIR-2A"妖怪"是有史以来最强大的空对空武器，由 F-101B 和康维尔 F-106A 携带。这是一种无控火箭弹，但是携带了 1.5 千吨当量的核弹头，可确保击毁半径 8 千米范围内的所有飞机。

麦克唐纳 F-101B "魔术师"

类　型：双座远程截击机

发动机：两台普拉特·惠特尼公司生产的推力 7664 千克的 J57-P-55 涡喷发动机

性　能：12190 米高空最大飞行速度 1965 千米／小时；升限 16705 米；航程 2494 千米

重　量：空重 13138 千克；最大起飞重量 23763 千克

尺　寸：翼展 12.09 米；机身长 20.54 米；高 5.49 米；机翼面积 34.10 平方米

武　器：两枚 AIR-2A "妖怪" 核弹头空对空导弹和 4 枚 AIM-4C 或 AIM-4D "隼" 空
对空导弹，或者只携带 6 枚 "隼" 空对空导弹

上图：在越南战争的初期，RF-101C是唯一能够记录敌人某些行动的飞机。这架飞机正准备飞到战区去。

上图：1947年10月1日，XP-86"佩刀"首飞，试飞员是乔治·S.韦尔奇——珍珠港英雄，当天飞机速度本可以超过1马赫。如果真这样的话，他将比耶格尔（官方认定的突破音障第一人）早两个周突破音障。

北美 F-86"佩刀"

1944年，在还没有得到德国先进的航空研究数据之前，美国陆军航空队就已经发布了4种不同战斗机的需求参数。其中第一种是中程昼间战斗机，同时具有对地攻击和为轰炸机护航的能力。这引起了北美航空公司的兴趣，该公司的设计团队当时正在为美国海军设计一种舰载喷气战斗机（即后来的FJ-1"狂怒"），称为NA-134。NA-134采取了传统的直翼设计，性能还算先进，因此北美公司向美国陆军航空队提出了陆基型方案，称为NA-140。1945年5月18日，北美公司接到了生产3架NA-140原型机的合同，美国陆军航空队将其称为XP-86。1945年6月，XP-86的全尺寸模型制造出来，得到了美国陆军航空队的肯定。但是有一点让人担忧。根据北美公司的估算，XP-86海平面最大平飞速度为574英里／小时，低于美国陆军航空队提出的参数。幸运的是，由于得到了德国在高速飞行方面的研究成果，特别是后掠翼设计，该计划得以达标。北美公司获得一个完整的Me262机翼，在这个机翼上进行了1000次以上的风洞测试后，认定后掠翼是解决XP-86性能问题的关键。XP-86机体经过重新设计以后，其特征是所有的飞行面都向后掠。1945年11月1日，美国陆军航空队接受了这一方案，并于1946年2月28日做出最后批准。1946年12月，美国陆军航空队授予北美公司一份首批33架P-86A生产型飞机的合同。1947年8月8日，两架原型机的第一架生产出来，首飞时安装的是通用电气J35涡喷发动机。第二架原型机称为XF-86A，1948年5月18日首飞，安装了更为强劲的通用电气J47-GE-1发动机，10天后生产型F-86A开始交付使用。1949年年初，第1战斗机大队接收了第一架F-86A。但是此时F-86A还没有名字，第1战斗机大队提议选出一个贴切的名字。一共提出了78个名字，其中一个脱颖而出。1949年3月4日，北美F-86被正式称为"佩刀"。

1950年12月，全部554架F-86A完成生产，与此同时第4战斗机联队的第一批F-86A飞赴朝鲜。在此后的两年半内，据称"佩刀"共击落了810架敌机，其中792架是米格-15。第二种"佩刀"改型是F-86C渗透战斗机（后改称YF-93A，只有原型机进行了飞行）。F-86D是全天候战斗机，具有复杂的火控系统，腹部安装了火箭发射器，一共生产了2201架。F-86L是其改进型。F-86E以F-86A为基础，具有动力控制能力，安装了全动式尾翼，一共生产了396架，后来被F-86F取代。F-86F是主要生产型，共交付了2247架。F-86H是一种专门的战斗轰炸机，安装了4门20毫米机炮，能够携带战术核武器。F-86K是F-86D的简化版。所谓的F-86J是加拿大飞机公司制造的"佩刀"Mk.3。加拿大飞机公司制造的大多数"佩刀"都提供给了北约空军，例如英国皇家空军就装备过427架"佩刀"Mk.4。"佩刀"Mk.6是加拿大飞机公司制造的最后一种"佩刀"。澳大利亚根据许可证生产的"佩刀"称为Mk.30/32，安装的是劳斯莱斯"埃文"涡喷发动机。北美公司、菲亚特公司和三菱公司共生产了6208架"佩刀"，加拿大飞机公司生产了1815架。

图中这架编号48-259的F-86A"佩刀"的第一次作战飞行是由第4战斗截击机联队的詹姆斯·贾巴拉上尉（后来晋升为中校）驾驶的。在朝鲜战争中，詹姆斯·贾巴拉击落了15架米格-15，排名第二；排名第一的是第51战斗截击机联队的约瑟夫·麦康纳尔上尉，据称击落16架。

图中这架 F-86D "佩刀" 隶属第 84 "盖格虎" 战斗机大队第 498 战斗截击机中队，成立于 1955 年 8 月 18 日。该中队的 F-86D 来自于第 520 战斗机中队，装备 "佩刀" 的时间很短，至 1956 年，该中队的 F-86D 就被 F-102 "三角剑" 取代了。

全天候的 F-86D 最初准备设计成双座战斗机。后座成员负责雷达控制截击和导航，但是双座设计性能有限，而且会占用油箱空间，最终导致双座方案被放弃。

F-86D 的 AN/APG-36 雷达安装在尺寸为 76.2 厘米的机头塑料雷达罩中，与 E-4 火控系统相连。尽管该系统在研制过程中经历了延误和控制性能差的问题，但最终成为一种可靠的系统。

可收缩火箭发射器中安装着 F-86D 的空对空武器——24.7 毫米折叠弹翼航空火箭 (FFAR)。这种火箭被称作 "巨鼠"，最初是为美国海军研制的，以德国梅塞施密特 262 安装的 R4M 火箭为基础设计的。

北美 F-86E "佩刀"

类　型：单座战斗机

发动机：1 台通用电气公司生产的推力 2358 千克的 J47-GE-13 涡喷发动机

性　能：7620 米高空最大飞行速度 1086 千米／小时；升限 14720 米；航程 1260 千米

重　量：空重 5045 千克；最大起飞重量 7419 千克

尺　寸：翼展 11.30 米；机身长 11.43 米；高 4.47 米；机翼面积 27.76 平方米

武　器：6 挺 12.7 毫米柯尔特 - 勃朗宁机枪；翼下可携带 907 千克弹药

上图：两架"佩刀"起飞去寻找米格飞机。许多任务都要进行高空飞行，掩护美国的歼轰机。

上图：B-2可以携带各种武器组合，既有常规武器，又有核武器。由于出色的隐身性能，1架B-2就能造成极大的破坏，可以在一个目标上空投掷一枚炸弹后转而攻击下一个目标，而不会被探测到。

诺斯罗普·格鲁曼 B-2 "幽灵"

在现代空战中，战略空军和战术空军的分界线日益模糊，战略飞机经常会执行战术任务。海湾战争中，对伊拉克军队进行饱和轰炸的B-52就是其中一例。但是有一种飞机被明确指定在21世纪扮演战略角色。这就是诺斯罗普B-2 "幽灵" 战略渗透轰炸机，与洛克希德F-117A战斗轰炸机一道成为隐身技术的化身。

B-2的研制工作始于1978年，美国空军最初想购买133架，但是由于1991年军费削减，采购数量减为21架。

右图：图中是第509轰炸机联队的一架B-2 "幽灵" 隐形轰炸机正从怀特曼空军基地起飞训练。自从第509轰炸机联队于1944年成立并向日本投掷原子弹之后，它就一直走在美国空军实战轰炸战术和新式武器部署的前列。

诺斯罗普 B-2 "幽灵"

类　　型：4 机组成员战略轰炸机

发动机：4 台通用电气公司生产的推力 7847 千克的 F118-GE-110 涡扇发动机

性　　能：高空最大飞行速度 764 千米／小时；升限 15240 米；航程 11675 千米

重　　量：空重 45350 千克；最大起飞重量 181400 千克

尺　　寸：翼展 52.43 米；机身长 21.03 米；高 5.18 米；机翼面积大约 463.50 平方米

武　　器：16 枚 AGM-129 先进巡航导弹，或者 16 枚 B.61 或 B.63 自由落体核炸弹，80 枚 Mk82 227 千克炸弹，16 枚联合直接攻击弹药，16 枚 Mk84 906 千克炸弹，36 枚 M117 340 千克燃烧弹，36 枚 CBU-87/89/97/98 集束炸弹，80 枚 Mk36 254 千克或 Mk62 水雷。

1993 年 12 月 17 日，第一架 B-2（编号 880329）交付密苏里州怀特曼空军基地的第 509 轰炸机联队第 393 轰炸机中队，第二支 B-2 中队是第 715 轰炸机中队。第 509 轰炸机联队共计划装备 16 架 B-2。第 509 轰炸机联队组建于 1944 年，曾在第二次世界大战中向日本投掷了两颗原子弹，因此在将新型轰炸机和新战术引入作战部队时，该联队具有特殊含义。

B-2 安装了 4 台通用电气公司生产的推力 7847 千克的无加力燃烧室涡扇发动机，两个武器舱并排位于机体中心下方，安装有波音公司生产的旋转发射架。炸弹舱可安装 16 枚 AGM-129 先进巡航导弹，或者是 16 枚 B.61 或 B.63 自由落体核炸弹，80 枚 Mk82 227 千克炸弹，16 枚直接攻击弹药，16 枚 Mk84 906 千克炸弹，36 枚 M117 340 千克燃烧弹，36 枚 CBU-87/89/97/98 集束炸弹，80

枚 Mk36 254 千克或 Mk62 水雷。携带典型武器配置时，B-2 高空航程 12045 千米，低空航程 8153 千米。

B-2 的基本核武器是可变当量 B.83 兆吨级炸弹。这种武器可以由多种飞机携带，不过这种高效能武器更适合由 B-2 和罗克韦尔 B-1B 携带。作为 B.77 的廉价代替品，B.83 的特征与其相似，是第一种适合低空投掷的战略武器，取代了 B.28、B.43 和 B.57。它最低可在 46 米处投掷，引信和当量是可变的，可以由机组成员在飞行中编程设定。这种炸弹采用了非常安全的起爆器，即便是在高温下，或者意外跌落时，也不会引爆。安全编码系统非常复杂，如果尝试过一定次数还未输入正确的指令，那么它将会启动自毁机制，在不伤及放射性物质的情况下使炸弹关键部件失效。B.83 的主要攻击目标是加固过的军事目标，例

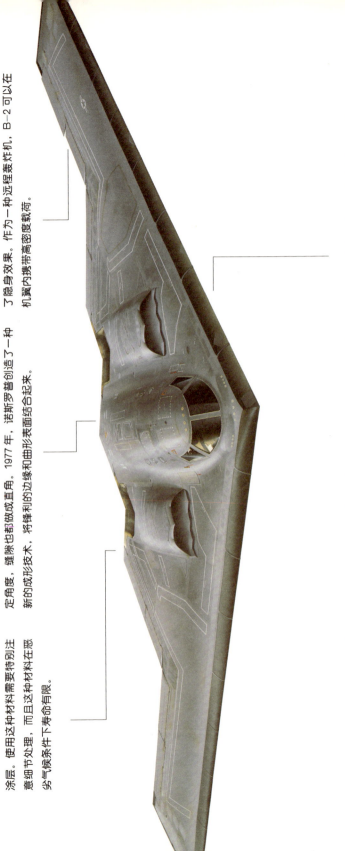

除了机身外形，B-2 另外一个降低雷达信号的系统是特殊的吸波涂层。使用这种材料需要特别注意细节处理，而且这种材料在恶劣气候条件下寿命有限。

B-2 的设计者们认识到：如果舱门和其他缝隙呈锯齿形，可以降低这些结构对隐身性能的破坏，因此机翼边缘要有一定角度。缝隙也都做成直角。1977 年，诺斯罗普普创造了一种新的成形技术，将锋利的边缘和曲形表面结合起来。

为了实现隐身性能，完成作战任务，B-2 选择了飞翼布局。这种平整、低矮而无尾翼的平面，增强了隐身效果。作为一种远程轰炸机，B-2 可以在机翼内携带高密度载荷。

如洲际导弹发射井、地下工厂和核武器存储设施。

在设计先进技术轰炸机（B-2计划最初的称呼）时，诺斯罗普公司决定采用全翼布局。自从事航空事业伊始，雨果·容克和杰克·诺斯罗普等飞翼爱好者就开始研究飞翼，认为在携带与常规飞机相同的载荷时，飞翼能够做到重量最轻、耗油最低。尾翼的重量和阻力，及其支撑结构的重量，都可以省略。这种结构效率更高，因为飞机的重量分布于整个机翼，而不是集中于中线。20世纪40年代诺斯罗普推出的试验型活塞式飞翼轰炸机方案，在航程和载荷与康维尔B-36相同的情况下，总重量和动力只需B-36的三分之二。1947年诺斯罗普公司还生产出了飞翼喷气轰炸机的原型机——YB-49，然而这种飞机对B-2采用全翼方案的决定并无太大影响。之所以选择全翼，是为了实现结构的整洁，使雷达截面最小化，包括取消垂尾；这也有助于提高翼展负载结构的效能和升阻比，实现经济巡航。增加了外侧翼面，保证纵向稳定性，提高升阻比，并为螺距、翻滚和偏航控制提供足够的跨度。前缘后掠，可以保证平衡和跨音速气动；整个机体具有纵向状态稳定性。由于机身长度较小，飞机必须使稳定俯冲的时间

超过正向恢复的延迟。最初的B-2设计仅在机翼外侧安装了升降副翼，但是后来又在机翼内侧安装了升降副翼，因此B-2的后缘呈独特的双W形。机翼前缘设计独特，空气可以从各个方向进入进气道，使发动机可以在高速和0速度时都可运转。在超音速巡航时，空气在进入隐藏着的GE F118发动机的压缩面以前，速度已经从超音速状态下降了。

武器管理处理器负责管理B-2重达22730千克的武器载荷。一个单独的处理器负责控制休斯APQ-181合成孔径雷达，并将数据传给显示处理器。雷达有21种使用模式，包括高分辨率地面绘图。

B-2的起飞速度为260千米／小时，与起飞重量无关。正常飞行速度是高亚音速，最大飞行高度50000英尺。飞机机动性能极强，操纵特性类似于战斗机。

下图：一架B-2正接近KC-135加油机进行空中加油。B-2最初被称作先进技术轰炸机，诺斯罗普在设计全翼飞机方面有丰富的经验，因此决定采用全翼布局。

上图：北约空军普遍装备了诺斯罗普F-5。在美国空军中，F-5E被用于扮演入侵者，在总体结构和各项性能方面，它非常接近苏联的米格-21。

诺斯罗普 F-5 "虎"

诺斯罗普 N156 是一种较为低廉和简洁的飞机，能够执行各种任务。1958年年底，诺斯罗普公司接到了美国国防部一份生产 3 架原型机的合同。1959年 7 月 30 日，第一架原型机首飞，安装两台通用电气 YJ85-GE-1 涡喷发动机，在首次试飞中速度就超过了 1 马赫。经过近 3 年的扩展测试和评估后，1962年 4 月 25 日，N156 被选为新型通用战斗机，在《互助合约》的名义下提供给美国的盟友。因此其生产型 F-5A 又被称作"自由战士"，第一架飞机首飞于 1963年 10 月。1964年 4 月，F-5A 进入美国空军战术空军司令部服役。第一个海外用户是伊朗帝国空军，7 支 F-5A 中队的第

上图：F-5B原型机于1964年2月24日进行首飞，一个月之内第一架生产出来的样机开始交付给美国空军，然后在1964年4月30日F-5B开始正式服役。

一支于 1965年 2 月成立了。1965年，希腊皇家空军也装备了两个中队，1967年挪威装备了 108 架，这些飞机都加装了停机钩和火箭助推装置，可以实现短距离起降。1965年至 1970年，加拿大飞

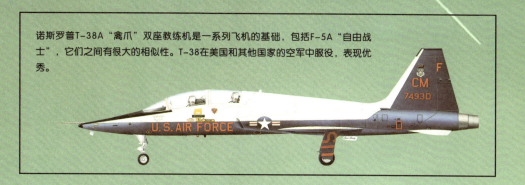

诺斯罗普T−38A"禽爪"双座教练机是一系列飞机的基础，包括F−5A"自由战士"，它们之间有很大的相似性。T−38在美国和其他国家的空军中服役，表现优秀。

本图：三架挪威的F−5A（G）（靠前的三架）和一架F−5B正在进行交付前的试飞测试。考虑到挪威多变的气候条件，挪威的F−5装有起飞助推器（JATO）、停机钩和挡风玻璃除冰器。

诺斯罗普 F−5A "虎"

类　型：单座战术战斗机

发动机：两台通用电气公司生产的推力 1850 千克的 J85−GE−13 涡喷发动机

性　能：10975 米高空最大飞行速度 1487 千米／小时；升限 15390 米；携带最大作战载荷时航程 314 千米

重　量：空重 3667 千克；最大起飞重量 9373 千克

尺　寸：翼展 7.70 米；机身长 14.38 米；高 4.01 米；机翼面积 15.78 平方米

武　器：两门 20 毫米 M39 机炮；外挂架下可携带 1995 千克弹药

由飞机尾部标识可以看出，这架 F-5E "虎" II 隶属巴西空军第 1 航空大队第 1 中队。"战斗鸵鸟"标识源于第二次世界大战期间，当时该部该部在意大利驾驶着 P-47D "雷电"与美国陆军航空队第 350 战斗机大队并肩战斗。

尽管飞机很小，但 F-5 的座舱还是很宽敞的，有足够的空间放置地图。飞行员们对开关和仪表布局非常满意。F-5 是一架适合飞行的飞机，没有大大缺点。

F-5E 安装了两门 20 毫米庞蒂亚克 M39A-2 机炮，每门机炮备弹 280 发，弹夹安置在炮管下方。每门机炮的射速可达 1500 发 / 分钟。

最初巴西的 F-5E 都在座舱右下方安装了可拆卸的空中受油管，加油速度可达每分钟 907 千克。受油管倾斜部分下方的整流罩内安装有小型聚光灯，在夜间加油时可以为受油管尖端和加油套盖提供照明。

机公司为加拿大空军生产了115架CF-5A/D,安装的是"奥伦达"J85-CAN-15发动机。其他装备过F-5的还有埃塞俄比亚、摩洛哥、韩国、南越、菲律宾、利比亚、荷兰、西班牙、泰国和土耳其。F-5E"虎"II是一种改进型,1970年11月被选中为F-5A系列的继任者。它装备于12个海外用户,并在美国空军中扮演"入侵者"角色,用于空战训练。RF-5E"虎眼"是一种侦察型。

20世纪80年代,诺斯罗普公司对F-5的先进改进型——F-20"虎鲨",以及与洛克希德F-22竞争的YF-23先进战术战斗机寄予厚望。尽管F-20性能先进,却没有赢得任何客户的青睐,而YF-23也在与F-22的竞争中落败,一时间诺斯罗普公司失去了军事订单。于是诺斯罗普公司开始为现有的F-5用户设计一种升级版F-5。尽管还有很多其他公司也提供升级服务,但是诺斯罗普公司不单是F-5的生产者,而且在B-2和F/A-18上积累了先进的航空经验,因此诺斯罗普公司理应是不二选择。最初的升级项目是由美国政府提供资金,对F-5进行结构升级,但是在1993年诺斯罗普公司提出了一项野心勃勃的升级计划,并将其应用于一架从美国海军"借调"回来的F-5E上。更换

了全新的航电设备,包括APG-66(V)雷达、霍尼韦尔公司的环状激光陀螺、联合信号公司的任务计算机和显示处理器、F-16上使用的平视显示器和驾驶杆、马丁-贝克Mk10LF座椅,这种全新的F-5E"虎"IV于1995年4月20日首飞。为了安装雷达,卸下了2门机炮中的1门,并加长了雷达罩。加拿大布里斯多航空宇宙公司、西班牙航空制造股份有限公司(CASA)和三星公司都被选作战略合作伙伴,进行了6个月的测试。升级后的"虎"有多种航电设备和电子战设备可供选择,并且争取到了多国空军用户,如巴西、智利、印度尼西亚和新加坡。

下图:这架装有"响尾蛇"导弹的F-5E属于大量交付给朝鲜共和国空军的众多F-5E中间的一架。韩国空军列装了68架F-5E,在当地被称作"空中霸主"(Cheggoong-ho)。注意它扁平的机头雷达罩,正是由于它的截面呈椭圆形,从而消除了方向稳定性的问题,特别是在大攻角下的稳定性问题。这种构型也沿用到了后期F-5E/F的生产中。

上图：当第一架F-84"雷电"喷气飞机于1950年12月飞抵朝鲜的时候，美国空军发现自己的这种歼击机不适合执行空对空的行动，但作为轰炸机和地面攻击平台是没有对手的。在某种意义上，F-84"雷电"总是处于次要的位置上，是早期喷气时代的"保险"飞机。在速度更快的新型喷气机受到关注很久以前，已经在欧洲得到了广泛使用。

共和 F-84 "雷电喷气"

共和F-84"雷电喷气"，为很多北约空军提供了最初的喷气机使用经验。F-84孕育于1944年夏天，当时共和航空公司的设计团队探讨了在P-47"雷电"的机身上安装轴流式涡喷发动机的可行性。最终证明该方案不可行，并于1944年11月开始围绕通用电气J35发动机设计一种全新的机身。1945年12月，3架XP-84原型机的第一架生产出来，并于1946年2月28日首飞。之后向美国空军交付了15架YP-84A。交付工作始于1947年春天，这些飞机后来被改装至F-84B标准。F-84B是第一种生产型，安装了弹射座椅，6挺12.7毫米M3机枪，翼下安装了火箭发射器。1947年夏天，F-84B开始交付第14战斗机大队，该型机共生产了226架。F-84C生产了191架，外形与F-84B相似，但电子系统和炸弹投掷装置经过改进。1948年11月，F-84D出现，机翼经过加固，燃油系统也经过改进，共生产151架。1949年5月出现的是F-84E，除了6挺12.7毫米机枪，还可携带两枚454千克的炸弹或32枚火箭弹。F-84G出现于1952年，是第一种安装空中加油系统的"雷电喷气"。它也是美国空军第一种具有投掷战术核武器能力的战斗机。

"雷电喷气"在朝鲜战争中广泛使用。尽管作为战斗机它被米格-15全面压倒，但是它执行对地攻击任务的效能

上图：零滑跑起飞发射（ZELL）概念，是一种战时前线疏散措施，首先在共和F-84 "雷电喷气" 上进行测试，后来又在较重的北美F-100 "超级佩刀" 上进行了测试。

很高。1952年F-84G第一次出现在朝鲜，在战争即将结束的几个月内，第49和第58战斗轰炸机联队的"雷电喷气"对朝鲜用于灌溉的水坝（朝鲜经济依赖农业）进行了猛烈轰炸。第一个目标是德山水坝，尺寸700米，土石结构，位于平壤以北20英里的波东河上。1953年5月13日下午，第58战斗轰炸机联队的59架携带1000磅炸弹的"雷电喷气"攻击了该水坝，但是战果令人失望：只是轻微破坏了水坝结构，水坝依然挺立。但是第二天早晨RF-80拍摄的照片显示水

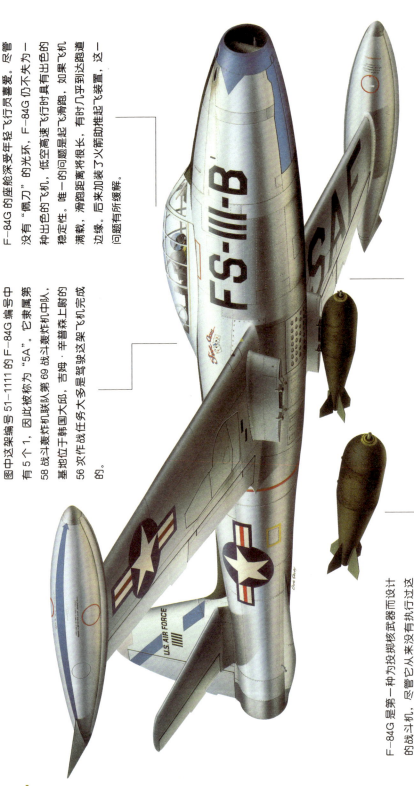

图中这架编号 51—1111 的 F—84G 编号中有 5 个 1，因此被称为 "5A"。它隶属第 58 战斗轰炸机联队第 69 战斗轰炸机中队，基地位于韩国大邱。吉姆·辛普森上尉在 56 次作战任务大多是驾驶这架飞机完成的。

F—84G 的座舱深受年轻飞行员喜爱。尽管没有 "佩刀" 的光环，F—84G 仍不失为一种出色的飞机。低空高速飞行时具有出色的稳定性。唯一的问题是起飞滑跑，如果飞机满载，滑跑距离将很长，有时几乎到达跑道边缘。后来加装了火箭助推起飞装置，这一问题有所缓解。

为了快速识别低空飞行的飞机，1945 年年底扎在德国的美国空军提出喷出涂字体较大的符号，这一方法迅速得以推广。符号由 2～3 个字母（第一个字母表示用途，最后一个表示型号）和 3 个数字组成，这组符号通常喷涂在飞机的机头。

F—84G 是第一种为投掷核武器而设计的战斗机，尽管它从来没有执行过这一任务。F—84G 还具有很强的常规轰炸能力，在朝鲜战争中表现出了毁灭性性效应。

这架色彩鲜艳的F-84G"雷电喷气"隶属于第9战斗轰炸机中队,该中队被称为"铁骑士"。"雷电喷气"一直在北约前线部队担任战术核攻击力量,直至1955年开始被后掠翼的F-84F"雷电"取代。

共和 F-84G "雷电喷气"

类　型:单座战斗轰炸机

发动机:1台莱特公司生产的推力 2539 千克的 J65-A-29 涡喷发动机

性　能:1220米高度最大飞行速度 973 千米／小时;升限 12344 米;航程 1609 千米

重　量:空重 5200 千克;最大起飞重量 12700 千克

尺　寸:翼展 11.07 米;机身长 11.71 米;高 3.91 米;机翼面积 24.18 平方米

武　器:6 挺 12.7 毫米勃朗宁 M3 机枪;外挂架下可携带 1814 千克弹药

坝被彻底摧毁了。一夜之间水库的水压将水坝压垮,洪水冲向了波东河。5 平方英里的稻田和 700 栋房屋被冲走,顺安机场被大水淹没,5 英里的铁道线和两英里的连接南北的公路被毁或受损。在这一次攻击中 F-84 给朝鲜交通系统造成的破坏,就已经超过 F-84 执行几周的遮断任务。

受这次成功的鼓舞,美军总司令韦兰将军立刻授权攻击另外两个水坝——慈山水坝和旧院街水坝。第二天第 58 战斗轰炸机联队的 36 架"雷电喷气"攻击了慈山水坝。但是由于准头太差,没有一枚炸弹直接命中水坝;5 月 16 日,"雷电喷气"第二波攻击投掷的 1000 磅炸弹命中目标,慈山水坝垮塌,喷涌而出的洪水淹没了大片的稻田,并破坏了附近半英里长的铁道线。7 月 27 日,"雷电喷气"执行了在朝鲜的最后一次作战任务。在最后一次任务中,第 49 和第 58 战斗轰炸机联队攻击了朝鲜的 3 个机场。

上图：第28轰炸机联队的一架罗克韦尔B-1B。B-1B的基本任务是携带自由落体武器进行渗透，并使用短程攻击导弹（SRAM）进行防空压制。B-1B还可以发射空射巡航导弹（ALCM）。

罗克韦尔 B-1B "枪骑兵"

B-1的设计初衷是为了取代B-52和FB-111执行低空渗透任务。B-1原型机于1974年12月23日首飞，随后的试飞和评估都进行得非常顺利。1975年4月21日，战略空军司令部第22空中加油中队的KC-135加油机为这种新型轰炸机进行了第一次空中加油试验。9月19日，这种轰炸机首次由战略空军司令部的飞行员试飞，飞行员是爱德华兹空军基地第4200测试与评估中队的乔治·W.拉尔森少校。在6个半小时的飞行中，三分之一的时间是由拉尔森少校驾驶的。

第二年，测试仍在进行。1976年12月2日，当时的美国国防部长唐纳德·H.拉姆斯菲尔德在与杰拉尔德·福特总统协商后，授权美国空军将B-1投入生产。但是由于国会在9月就已经将B-1计划每个月的经费限制在8700万美元，因此计划进展很慢，B-1的未来掌握在吉米·卡特总统手中，卡特总统1977年1月20日就职。

卡特总统迟迟没有决定B-1的未来。直至1977年6月30日，卡特总统在一次全国电视讲话中表示，B-1不会投入生产。但是到了1981年12月2日，罗纳德·里根总统领导的新一届美国政府决定重新启动罗克韦尔B-1计划。1977年至1981年，美国空军用B-1原型机进行了轰炸机渗透评估，这使得作战效能极高却已被放弃的先进轰炸机得到了投入生产的机会，而不需对谁施加压力——事实已经证明一切。美国空军的结论是，技术娴熟的机组成员加灵活的战术，这种轰炸机飞临目标上空的概率超过了计算机的预测。1981 年年初，这一事实以报告的形式递交国会。

这种超音速轰炸机共交付给战略空军司令部 100 架，被称为 B-1B（原型机称为 B-1A）。B-1B 的基本任务是携带自由落体武器进行渗透，并使用短程攻击导弹（SRAM）进行防空压制。B-1B 稍作改装还可以发射空射巡航导弹（ALCM）；在两个炸弹舱安装一个可拆卸隔舱，内装 ALCM 发射器。

1984 年 10 月，第一架 B-1B 首飞，刚好赶在进度表之前。而在几个星期前，两架 B-1A 原型机的一架在一次测试中坠毁。1985 年 7 月 7 日，第一架作战型 B-1B（编号 83-0065）交付戴维斯空军基地第 96 轰炸机联队，实际上它叫作"正式装备型"更贴切，因为此前战略空军司令部已经为 82-0001 举办了接收仪式，另一架原型机由于发动机吸入发生故障的空调的螺栓和螺母而受损。

尽管航电等系统还存在问题，1986 年 B-1B 交付战略空军司令部的速度已经达到了每月 4 架。1987 年 1 月的测试

中，B-1B 成功发射了短程攻击导弹；4 月，第 96 轰炸机联队的 B-1B 完成了长达 21 个小时 40 分钟的飞行任务，期间进行了 5 次空中加油以维持满载重量，飞机以 741 千米／小时的速度飞行了 15138 千米。这次试验与研究重载远程奔袭技术有关。B-1B 的大部分任务都是在超音速飞行时完成的；飞机采用固定形状的发动机进气道，弯曲的进气道加上顺着弯曲方向安装的挡板，可以遮挡发动机风扇的雷达反射。这些措施也将最高速度降至 1.2 马赫；早期的 B-1A 采用了外压式进气道，速度可达 2.2 马赫，但是雷达信号却是 B-1B 的 10 倍。

B-1B 采用了大量所谓的"隐身"技术，提高了突破敌方最先进的防空体系的概率。

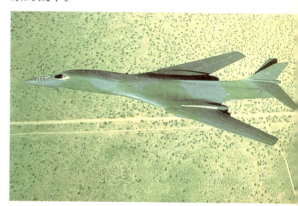

上图：B-1 的起源追溯到 20 世纪 60 年代，当时人们意识到，苏联防空系统对任何高空飞行的飞机都造成威胁，甚至对计划中的 3 马赫 B-70"瓦尔基里"。但是向低空的转变给设计者们带来了一系列新问题。

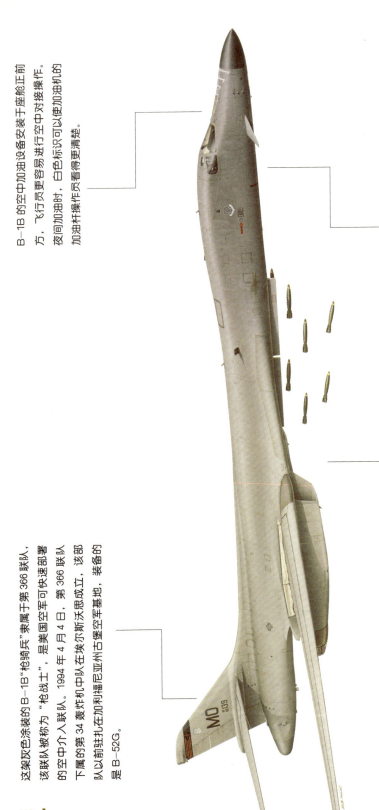

B—1B的空中加油设备安装于座舱正前方，飞行员更容易容易进行空中对接操作。夜间加油时，白色标识可以使加油机的加油杆操作员看得更清楚。

B—1A的机组成员不同，B—1B的每一个机组成员都有一部韦伯ACESⅡ弹射座椅。在紧急情况下，逃生舱可以与机身分离，在小型火箭、稳定器和3个阿波罗型降落伞的帮助下，安全降落到地面。气囊可以起到缓冲作用。

这架灰色涂装的B—1B"枪骑兵"隶属于第366联队，该联队被称为"枪战士"，是美国空军可快速部署的空中介入部队。1994年4月4日，第366联队下属的第34轰炸机中队在埃尔沃思思成立，该部队以前驻扎扎在加利福尼亚州古堡空军基地，装备的是B—52G。

B—1B的3个武器舱可以各携带一个常规武器模块（CWM）。CWM不能旋转，但是这种刚性支架可以携带与架发射架相同的目的，能够发射空射巡航导弹。CWM使B—1B更便于携带常规炸弹。

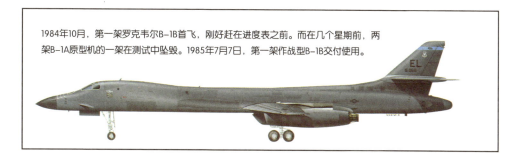

1984年10月，第一架罗克韦尔B-1B首飞，刚好赶在进度表之前。而在几个星期前，两架B-1A原型机的一架在测试中坠毁。1985年7月7日，第一架作战型B-1B交付使用。

罗克韦尔 B-1B

类　　型：4 机组成员战略轰炸机

发动机：4 台通用电气公司生产的推力 13958 千克的 F101-GE-102 涡扇发动机

性　　能：高空最大飞行速度 1328 千米／小时；升限 15240 米；航程 12000 千米

重　　量：空重 87072 千克；最大起飞重量 216139 千克

尺　　寸：翼展 41.65 米；机身长 44.81 米；高 10.36 米；机翼面积 181.16 平方米

武　　器：执行常规任务时，可携带 38320 千克 Mk82 炸弹，或者 10974 千克 Mk84 炸弹。
　　　　　或者是 24 枚短程攻击导弹，12 枚 B.28 或 B.43 或 B.61 或 B.63 自由落体核炸弹。
　　　　　内部发射架可携带 8 枚空射巡航导弹，翼下发射架可携带 14 枚。翼下可携带各
　　　　　种弹药组合。执行低空任务时，只使用内部弹舱

B-1 的核打击

防区外进攻：B-1 设计携带自由落体炸弹，可以投几千米远；或是短程攻击核弹，射程在低空时为 50 千米（30 英里），在高空时大于 200 千米（125 英里）。

低空突破：B-1 的可变翼说明，其低空性能极佳。这种飞机是作为低空突破轰炸机进入服役的。

高空打击：根据为 B-1A 最初的攻击特性的设想，飞机在高空进行高速进攻。

从安全地带发射：空基巡航导弹的出现意味着，核轰炸机可以从 2000 千米（1240 英里）或更远的地方发起进攻，并精确地命中目标。

上图：俄亥俄州空中国民警卫队的A-7D"海盗"Ⅱ，空中国民警卫队是A-7的主要用户。1990年"海盗"被部署在中东地区，并参加了1991年1月至2月的"沙漠风暴"行动。"海盗"在作战中没有损失。

沃特 A-7 "海盗" Ⅱ

1964年2月11日，美国海军宣布凌·特姆科·沃特公司赢得了新型单座舰载轻型攻击机的设计竞标，这种新飞机用于补充并最终取代 A-4E "天鹰"。这项需求发布于1963年5月，美国海军需要一种超音速飞机，载弹量要超过 A-4E。这种飞机被称为 VAL（V 表示比空气重，A 表示攻击，L 表示轻型），可以从美国海军舰队所接近的任何海岸线起飞，支援内陆1125千米范围内的地面部队。为了使成本最低、尽早交货，因此必须以现有设计为基础。

在20余种提案中，最终选择以 F-8E "十字军战士" 为基础。1964年3月19日发布的初步合同是研制3架飞机，

称为 A-7A。1964年3月19日，完成了全尺寸模型，1965年首飞。尽管是以 F-8E "十字军战士" 为基础，A-7 实际上是一种完全不一样的飞机，由于要实现超音速，必须要降低结构重量。研制工作进行得非常快，由于越南战场上 A-4 "天鹰" 中队的损失急需补充，新飞机越早投产越好。1965年9月27日原型机首飞，随后沃特公司（凌·特姆科·沃特公司的子公司）为美国海军空军提供了多种改型。A-7A 是第一种攻击型，1966年开始在北部湾的 "突击者" 号航空母舰上进行战斗部署，装备于 VA-147 攻击中队。1967年年底，另外两个中队 VA-97 和 VA-27 成军，是在 VA-122 中队的基础上组建

的，VA-122 本是西海岸加利福尼亚州勒莫尔海军航空站的 A-7 战斗准备训练中队；接下来成军的两个中队是 VA-82 和 VA-86，是在 VA-174 中队的基础上组建的，VA-174 本是东海岸佛罗里达州塞西尔海军航空站的 A-7 战斗准备训练中队。A-7E 也曾部署于东南亚，是为美国海军设计的近地支援／遮断型。至越南战争结束时，A-7 共执行了 100000 次以上的作战任务。

A-7A 一共生产了 199 架，生产线就开始转产 A-7B，该型机的发动机经过改进。1968 年 2 月 6 日，第一架 A-7B 生产型首飞，美国海军共装备过 198 架。A-7D 战术战斗机是专为美国空军设计的，1972 年 10 月参加了越战；该型机生产了 459 架，其中很大一部分分配给空中国民警卫队（ANG）。空中国民警卫队于 1975 年 10 月开始接收 A-7D，科特兰德空军基地第 188 战术战斗机中队获得第一架 A-7D。共有 14 支 ANG 中队装备过这种飞机，对其热情下降的也很慢。双座型 A-7K 是最后一款重要的"海盗"改型，只服役于空中国民警卫队。A-7D/K 的最后使用者是俄亥俄州、爱荷华州和俄克拉荷马州的空中国民警卫队。1987 年至 1988 年间，48 架 A-7D 和 8 架 A-7K 机体经过升级，机头安装

的 AN／AAR-49 前视红外设备属于低空导航和攻击（LANA）系统。LANA 具有自动地形跟踪能力，安装了广角平视显示器。1987 年夏天，第一架完成 LANA 安装是一架 A-7K，交付新墨西哥州空中国民警卫队第 150 战术战斗机大队。在 LANA 之前，机头安装的得州仪器公司生产的 APQ-126（V）前视雷达（FLR）的导航能力非常有限，只能导航和地图成像。地形跟踪、地形规避、空／地测距和武器投掷信息等能力也很有限。越战 25 年后，A-7 又一次参加了战斗，在 1991 年的"沙漠风暴"行动中攻击伊拉克目标。美国海军"约翰·J. 肯尼迪"号航空母舰上的 VA-56"氏族战士"和 VA-72"蓝鹰"中队的 A-7E 主要担任攻击和截击任务。A-7E 参加了第一轮空中打击，并在整个冲突过程中携带"哈姆"和"白星眼"空对地导弹、自由落体炸弹执行攻击任务。在整个"沙漠风暴"行动中没有 A-7E 被敌方击落，仅有一架在"肯尼迪"号降落时受损。

希腊、葡萄牙和泰国空军也装备过"海盗"II。葡萄牙的 A-7P"海盗"II 都是美国海军使用过的飞机，1981 年开始交货，1997 年退役。

图中这架 A-7D 隶属俄克拉荷马州空中国民警卫队第 138 战术战斗机大队第 125 战术战斗机中队，基地位于塔尔萨。在 1978 年 7 月改装 A-7D 之前，俄克拉荷马州空中国民警卫队装备的是 F-100D/F "超级佩刀"，于 1993 年开始改装 F-16C/D。

A-7D 的 "火神" 机炮弹药存储在机身上部。座舱后面的弹鼓中，通过一个双向柔性供弹槽与机炮相连，一侧为机炮供弹，另一侧将弹链送返弹鼓。A-7D 一共可携带 1000 发 20 毫米炮弹。

A-7D 安装了麦克唐纳·道格拉斯公司的 ESCAPAC 型 1C2/4 弹射座椅。弹射前，微型起爆线将座舱罩炸碎，如果起爆失败，弹射座椅上的弹出式座舱舱破碎器也能保证安全弹射。

图中的 LAU7/A 发射导轨是空的，A-7E 的两枚 AIM-9L "响尾蛇" 空对空导弹安装于此，使飞机具有一定的自卫能力。实际上，在低空作战机动时，如果 A-7 不携带任何武器，它将压倒大多数截击机，这得益于飞机 7g 的过载能力和每秒钟 140 度的滚转率。

114

上图：越南战争期间，VA–46 "氏族战士" 海军攻击中队的一架A–7 "海盗" II飞过北部湾上空。至越南战争结束时，A–7共执行了100000次以上的作战任务。美国空军的A–7D "海盗" II主要作为战术战斗机使用。

沃特 A–7E "海盗" II

类　型：单座战术战斗轰炸机

发动机：1台艾利森生产的推力 6802 千克的 TF41–A–2 涡扇发动机

性　能：海平面最大飞行速度 1123 千米／小时；升限 15545 米；航程 1127 千米

重　量：空重 8970 千克；最大起飞重量 19047 千克

尺　寸：翼展 11.81 米；机身长 14.04 米；高 4.90 米；机翼面积 34.84 平方米

武　器：1 门 20 毫米 M61 "火神" 机炮，可外挂 6802 千克弹药

图中这架A–7E是由VA–72攻击中队执行官约翰·林霍茨驾驶的，他是海军 "海盗" 作战的领导者。在 "沙漠风暴" 行动中，VA–72部署在 "约翰·J.肯尼迪" 号航空母舰上，隶属第3舰载机联队（CVW）。

上图：苏-27M（或者称苏-35）是苏-27衍生出的先进多用途战机，既用于本国装备，也用于出口。但是，在国际战斗机市场上，该型机在与F-16等的竞争中从未取胜。

3 苏联 / 俄罗斯

自 20 世纪 50 年代初开始，苏联战斗机与同时代的西方型号相比，设计显得粗犷，缺乏优秀战机所应有的优雅和精致。

苏联设计师学习得很快，到 20 世纪 50 年代末，苏联空军已经装备了几款当时世界上最为优秀的战机。1955 年，在迟缓和不确定中跨过喷气时代的门槛后，苏联设计师开始突飞猛进。在 1955 年图什诺航展上，西方看到了苏联的巨大进步，当时苏联人展示了多种新型战机，如图波列夫设计局的图 −16 和图 −95 轰炸机，以及平飞速度可超过音速的战斗机——米格 −19。此后的几十年中，苏联推出了一系列能够媲美或对抗北约对手的战机，例如苏霍伊设计局的苏 −24 "击剑手"，其设计目标就与通用电气 F−111 类似。1990 年苏联解体后，尽管俄罗斯仍研制出并成功向外出口了像米格 −29 "支点"这样的多用途战机，但是也难以掩盖大量军用飞机计划流产的事实。

上图：从开始服役算起，伊尔-28一直是一种成功且受欢迎的飞机，因为它所安装的克里莫夫VK-1发动机很少出现故障。这种发动机是劳斯莱斯"尼恩"发动机的复制品，非常可靠。图中3架飞机是试验机。

伊留申伊尔-28 "猎兔犬"

伊尔-28是由伊留申设计局设计的一种用于取代活塞式的图波列夫图-2的轻型战术轰炸机，它是20世纪50年代华约集团战术攻击机部队的中流砥柱，并大量出口到多个苏联阵营国家。第一架伊尔-28原型机安装的是RD-10（仿自Jumo004）涡喷发动机，但是这种发动机提供的动力不足，后来的飞机改装克里莫夫VK-1发动机，这种发动机是劳斯莱斯"尼恩"发动机的复制品。1948年9月20日，第一架安装VK-1发动机的伊尔-28首飞，并于第二年开始交付苏联战术中队。伊尔-28大约生产了10000架，改型有苏联海军的伊尔-28T鱼雷轰炸机和伊尔-28U双座

教练机（北约代号为"吉祥物"）。埃及购买了60架，其中20架在1956年的苏伊士运河危机中被法国F-84F"雷电"击毁于路索克。1962年，伊尔-28等飞机和导弹一起运进了古巴，导致了所谓的"导弹危机"，激起了美国的迅速反应。据信，20世纪60年代初曾有一小部分（大概10架）伊尔-28交付北越空军，美国空军专门派出康维尔F-102截击机应对其潜在威胁，但实际上双方从未碰面。

伊尔-28R"猎兔犬"是侦察型，在重新设计的炸弹舱的一个加热舱中安装了4台光学相机。飞机可以携带照明弹进行夜间拍摄，前射武器也被削减，仅在机身左前方保留了1门23毫米机炮。

除了翼尖油箱外，伊尔－28R改装过的炸弹舱也要携带燃油，因此该型机更换了尺寸较大的主机轮，以补偿起飞时增加的额外重量。

匈牙利是第一个使用伊尔－28参战的国家，讽刺的是，对手是苏联。1956年10月23日，匈牙利反对共产主义政府的运动开始了，苏联部队前往镇压骚乱。匈牙利空军最初保持中立，但是10月30日宣布参战，并于第二天向苏联人发起攻击。伊尔－28所扮演的角色微不足道，匈牙利空军有40架"猎兔犬"，仅派出几架攻击提萨河上的浮桥。苏联军队11月14日就重新掌握了局面。在20世纪60年代的阿以冲突中，埃及的伊尔－28所扮演的角色也微不足道，大多数时候成为以色列攻击机的目标。在1967年至1970年的尼日利亚内战中，尼日利亚联邦政府从苏联和埃及获得的伊尔－28，由捷克和埃及飞行员驾驶，对比夫拉地区发起了攻击。伊尔－28对比夫拉地区的轰炸战役中目标不加选择，破坏力很大，有两架或3架伊尔－28在对比夫拉地区的攻击中损失。

上图：捷克斯洛伐克的遗物。伊尔－28飞机在捷克斯洛伐克服役中被称作B-228，首先被当作一种轻型轰炸机使用，后来被当作一种没有武器的目标拖曳靶机。其翼尖的吊舱不都是油箱，许多伊尔－28飞机在这些吊舱里安装有电子干扰（ECM）设备。伊尔－28飞机在布拉格（Prague）和莫斯科附近的茂尼奴（Monino）空军博物馆里现在还能看到。

伊留申伊尔－28

类　型：3机组成员战术轰炸机

发动机：两台克里莫夫设计局制造的推力2700千克的VK-1涡喷发动机

性　能：海平面最大飞行速度902千米／小时；升限12300米；航程2180千米

重　量：空重12890千克；最大起飞重量21200千克

尺　寸：翼展21.45米；机身长17.65米；高6.70米；机翼面积60.80平方米

武　器：4门23毫米NR-23机炮，机头和机尾各两门；可携带3000千克炸弹；2枚
　　　　400毫米轻型鱼雷

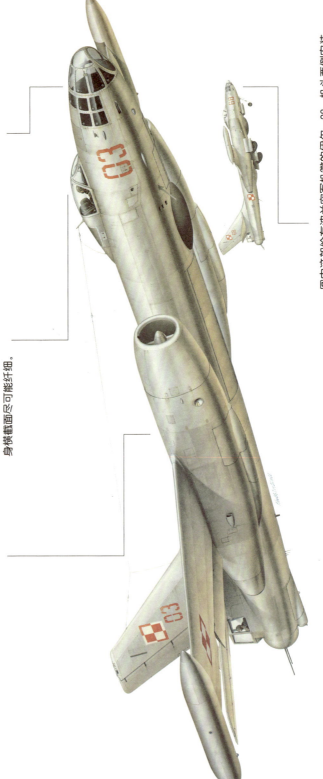

除了可以坐在飞行员座舱前的弹射座椅上，伊尔－28 的导航员还可以向前俯卧，操纵机头前部的 OPB-5 陀螺稳定光学炸弹瞄准具。因此，在机头鼻锥下侧框架上安装的光学平板玻璃，不能出现光线失真。

飞行员坐在 KM－1 系列弹射座椅上，座舱盖是铰接于座舱右侧，座舱视野清晰。座舱整流罩后部是固定式的，安装了双频 (DF) 设备的嵌入天线和一根连接于垂尾的高频 (HF) 天线杆。伊尔－28 采用了与战斗机类似的座舱，可以使机身横截面尽可能纤细。

伊尔－28 是苏联利用英国喷气发动机技术研制出的经典型号。"尼恩"发动机，大概是最后一款离心式涡喷发动机，是苏联人的意外收获，并据此仿制出了 RD-45。伊尔－28 安装的是一种改进型，称为 VK-1A（V 和 K 是发动机生产者弗拉基米尔·克里莫夫设计局的首字母）。

图中这架绘有波兰空军机徽的伊尔－28，机头两侧安装了 23 毫米 NR－23 机炮。机炮由飞行员进行瞄准，每门机炮都备有独立的 100 发弹箱。

上图：先进设计
伊尔-28飞机由于基本设计很成功，所以在它的生涯中几乎没有什么改变。它的主机翼不是后掠的，这很例外，但它的尾部是后掠的。在试验时，它很容易地击败了其竞争对手图-78原型机。

上图：非洲的勇士
尼日利亚在其内战中使用了伊尔-28飞机。由于缺乏维护，该机大部分时间都待在地面，现在所有的非洲国家用户都把该机退役了。

上图：轰炸瞄准器
伊尔-28飞机炸弹瞄准手坐在玻璃机头内，使用一台OPB-5S轰炸瞄准器目视瞄准他的武器，瞄准器位于座舱的右侧。

上图：图中这架米格-17采用的是战斗轰炸机的配置。在北越上空，米格-17给美国现代化的F-4"鬼怪"等攻击机造成了很大的麻烦，F-4在机动能力上完全被这种苏联设计的战斗机压倒，只得依赖高速性能脱离战斗。

米高扬·格列维奇米格-17"壁画"

20世纪50年代初，米格-17首次露面时，西方观察员起初认为它是米格-15的改进型，一些新的特征反映了苏联从朝鲜战争中学到的技术经验。实际上，米格-17的设计工作开始于1949年，进行了大量气动改进，包括：在更长的机身上安装全新的尾翼，机翼更薄，并安装有附面层栅栏，可以改善高速性能。北约称之为"壁画"-A的基本型，于1952年开始服役，接下来是米格-17P全天候截击机（北约称为"壁画"-B），之后是主要生产型米格-17F（北约称为"壁画"-C），米格-17F的结构进行了改进，并安装了加力燃烧室。最后一种改型是米格-17PFU，可以安装空对空导弹。米格-17的大规模生产在苏联仅进行了5年，之后被超音速的米格-19和米格-21取代，但是据估计，在这5年中米格-17的产量大约是8800架，其中5000架是米格-17F。直至20世纪60年代初，米格-17仍是苏联前线航空兵战术防空部队装备数量最多的飞机。到了70年代末，米格-17仍在服役，主要用于训练或装备于预备役。即使到了1980年，也可以说几乎每个苏联战斗机飞行员都在装备有米格-17的部队中服过役。从60年代开始，苏联空军开始逐步淘汰米格-17，其中很多用于出口。实际上，米格-17是60年代其他国家能够从苏联获取的最先进的飞机。直至 1973 年和 1974 年，多用途型米格 −21 和苏 −7 开始提供给华约组织以外的国家。以前，米格 −17 仍然是苏联唯一允许出口的战斗轰炸机，早期型米格 −21 则用作纯粹的截击机。米格 −17 参加了刚果和尼日利亚内战。在中东地区，米格 −17 是叙利亚空军战斗轰炸机的主力。有些米格 −17 改型的机翼下有 6 个外挂点，例如波兰根据许可证生产的 LIM−5M，安装了内侧炸弹挂架，其他位置用于携带副油箱，以及无控火箭发射器导轨。

据称，由于 1965 年至 1973 年北越空军使用了米格 −17，因此这种飞机在历史上占有重要地位。在越南战争的大部分时间中，北越的歼 −5 战斗机都参加了战斗。米格 −15 很少使用，而米格 −21 的数量又不多。很快，美国空军和美国海军就感到了震惊，米格 −17 竟能够与他们先进的、安装有雷达的、高度自动化的超音速战斗机抗衡。米格 −17 的翼载远低于它的对手，它的翼展与 F−4 "鬼怪" 差不多，但是它的满载重量却只相当于 F−4 的内油负载。因此，米格 −17 能够以相对较低的速度进行急转弯，而没有一种美国飞机能够做到。

与其前任米格−15 一样，米格−17 的出口数量也很大，几乎参加了所有60年代初以后世界各地的局部冲突。波兰根据许可证生产的该型机被称为 LIM−5M。

米格 −17F "壁画" −C

类　　型：单座战斗机

发动机：1 台克里莫夫设计局制造的推力 3383 千克的 VK−1F 涡喷发动机

性　　能：3000 米高度最大飞行速度 1145 千米／小时；升限 16600 米；携带副油箱时航程 1470 千米

重　　量：空重 4100 千克；最大起飞重量 6000 千克

尺　　寸：翼展 9.45 米；机身长 11.05 米；高 3.35 米；机翼面积 20.60 平方米

武　　器：1 门 37 毫米 N−37 机炮，2 门 23 毫米 NR−23 机炮；翼下可携带 500 千克弹药

主机身油箱位于座舱后方。机身后部还有
1 个小型油箱。米格 −17 的续航力很差，
因此机翼副油箱是标准配置。

安装于机头左侧的一对
NR−23 机炮。每门炮备弹
80 发。飞机另一侧安装的是
1 门 37 毫米机炮,备弹 40 发。

这架"壁画"−A 绘有莫桑比克人民解放军空军机徽，基地位于马普托。1980 年前，莫桑比克有 24 架米格 −17，1983 年获得了 12 架，1984 年 3 月又获得了 12 架。1980 年前，至少有 1 架米格 −17 损毁；另有多架被莫桑比克全国抵抗运动游击队击落，例如 1985 年 4 月 16 日击落两架，1985 年 10 月 6 日击落两架。

米格 −17 的机翼后掠角很大，并有一定的上反角，以降低横滚时的稳定性。翼载相对较低，具有很强的机动能力，特别是转弯性能。每个机翼都安装有全翼弦栅栏，防止附面层空气沿着机翼流动，显著降低诱导阻力。

上图：虽然在20世纪50年代末就已投入使用，现在仍有许多架米格-21战斗机在继续服役。图例是一架斯洛伐克空军和防空部队的米格-21UM型。

米高扬·格列维奇米格-21"鱼窝"

米格-21是朝鲜战争的产物。根据朝鲜空战经验，苏联认为自己需要一种轻型单座防空截击机，而且要具有很高的超音速机动性。共订制了两架原型机，均于1956年完工。其中一架代号"面板"，机翼后掠角极大，但是没有得到进一步发展。另一种的前两种生产型（"鱼窝"-A和"鱼窝"-B）只进行了少量生产，这两种早期生产型是短程昼间战斗机，安装两门30毫米NR-30机炮；而下一型号米格-21F（"鱼窝"-C）可以携带两枚K-13"环礁"红外跟踪空对空导弹，换装了改进型图曼斯基R-11涡喷发动机，航电设备也进行了改进。米格-21F是第一种批量生产型，1960年开始服役，之后进行了逐

上图：一架以色列飞机工业公司(IAI)出产的米格-21-2000机型的工程地面展示。以色列飞机工业公司已经完全翻新了米格-21飞机，增强了它的功能，装备了新雷达，并完全重新设计了驾驶舱。柬埔寨皇家空军最先接受了这种机型。

上图：在20世纪六七十年代，埃及空军的米格-21战斗机曾投入与以色列的战斗。但这些米格战机普遍表现不好。在对抗更加训练有素的对手时米格-21的杀敌数非常少，虽然苏联很快替换掉了那些被击落的米格战机。

右图：米格-21MF"鱼窝"-J是苏联空军装备的"豪华型"米格-21M，机翼下四个外挂点，具有一定的空战能力。即使在21世纪初，米格-21仍是美国的假想敌。

本页图：中国在1961年首次制造米格-21飞机，并将国内使用的该型飞机命名为歼-7（J-7），出口型则命名为F-7。图例所示是一架升级了武器装备能力的出口型歼-7MG（F-7MG）战机，它能够携带AIM-9型"响尾蛇"导弹和R550型"魔术"空对空导弹。

步改进和升级。20 世纪 70 年代初，重新设计过的米格 -21 诞生，称为米格 -21B（"鱼窝"-L），是一种多用途空优战斗机和对地攻击机。"鱼窝"-N 出现于 1971 年，使用了全新的先进制造技术，载油量增加，航电设备也得以升级，以实现空战和对地攻击的多用途。米格 -21 是世界上使用范围最广的战斗机，装备了 25 个苏联盟友国家的空军，印度、捷克斯洛伐克还得到了自行生产的许可证。米格 -21U 是双座型，北约给它的代号是"蒙古人"。

在越战中，米格 -21 是美国最致命

的对手。米格飞行员通常拦截北越上空的美国飞机的战术是，先低飞，而后爬升，攻击 F-105 "雷公"等满载炸弹的战斗轰炸机，迫使这些飞机为了逃生而提前丢下炸弹。为了应对这一战术，通常派携带"响尾蛇"空对空导弹的"鬼怪"进行护航，"鬼怪"飞行高度低于 F-105，可以提前发现试图进行拦截的米格飞机，利用"鬼怪"出色的速度和加速性能击落敌机。这非常像"打完就跑"的战术，"鬼怪"飞行员空战时会尽量避免转弯，因为米格 -21 的转弯性能更出色。EC-121 电子监视飞机的早期预警设备能够较早发现米格机，因此"鬼怪"能够及时冲向米格飞机。1966 年，美国战斗机击落了 23 架米格飞机，自身损失 9 架。

米格 -17 和米格 -21 都不是夜间战斗机，但是它们经常参加夜间作战，特别是 1972 年美国对北越发起夜间轰炸战

上图：两架米格-21战机在结束一次截击或者训练任务后正在着陆。作为冷战象征的米格-21，这在过去三十多年里都是一个常见的景象。

下图：第二代米格-21，如图中捷克斯洛伐克空军的该型机，具有更强大的火力和更复杂的航电设备。所有的米格-21都有空速管、吹气襟翼、两片式座舱和宽弦垂尾。

图中这架米格-21M隶属于罗马尼亚空军，使用该型机的部队有两支：巴考的第95飞行群和菲泰斯蒂的第86飞行群。罗马尼亚空军的米格-21M是1975年以后生产的，是最现代化的"新版"。

役时。美国海军飞行员 R.E. 塔克上尉回忆道："1972 年，海军的 A-6 对海防和河内之间的地区进行了大量单架次低空夜间攻击，知道有米格飞机升空，A-6 的飞行员就会很紧张（虽然我个人认为米格飞机没有夜视／红外设备，无法攻击 300 英尺高度飞行的 A-6）。因此，夜间作战时海军会派出 F-4 在海岸线附近执行米格空中战斗巡逻（MIGCAP）。我们知道，夜间作战时，一架米格不是一架 F-4 的对手。如果一架米格升空并飞向 A-6，F-4 就会击落这架米格。因此，当 F-4 距离米格 25 ～ 30 英里时，米格会选择返航。有的飞行员并不看好夜间的 MIGCAP 任务，但是我却认为这是一个绝好的机会，我击落的米格数量证明了这一点。我认为米格在夜间对任何人都构不成威胁，它只有性能有限的武器系统和机炮，相反，当 F-4 发现并接近米格时，却能够松松地进行迎面或追尾攻击。"当时塔克是一名中尉指挥官，是

美国"萨拉托加"航空母舰上 VF-104 中队的 F-4 "鬼怪"飞行员，在 1972 年 8 月 10 日至 11 日的夜间击落了一架米格 -21。"鬼怪"携带两枚 AIM-7E"麻雀"和两枚 AIM-9D "响尾蛇"空对空导弹。在他的雷达官布鲁斯·埃登斯的指引下，他在两英里外发射了两枚"麻雀"，当第二枚导弹发射时，第一枚导弹击中目标并爆炸。"出现了一个大火球"塔克说，"第二枚导弹再次击中。我稍微右转，以免被残骸击中。雷达显示目标在空中停住了，1 ～ 2 秒后雷达脱锁。米格 -21 飞行员丧生。如果他是在第一枚导弹击中后弹射，那么第二枚导弹有可能击中的是他。黑暗中我们看不到残骸……三天后战果得到了确认。"

作为第二次世界大战后使用范围最广泛的战机，米格 -21 留名青史。在设计这种飞机时，米高扬将三角翼和后掠尾翼集合起来，使飞机轻盈而敏捷。

米格－21MF“鱼窝”－J

类　型：单座多用途战斗机

发动机：1 台图曼斯基设计局制造的推力 7500 千克的 R－13－300 涡喷发动机

性　能：11000 米高度最大飞行速度 2229 千米／小时；升限 17500 米；携带副油箱时航
　　　　程 1160 千米

重　量：空重 5200 千克；最大起飞重量 10400 千克

尺　寸：翼展 7.15 米；机身长 15.76 米；高 4.10 米；机翼面积 23.00 平方米

武　器：机身下安装 1 门 23 毫米 GSh－23L 机炮；4 个机翼挂架可携带 1500 千克载荷，
　　　　包括空对空导弹、火箭弹吊舱、凝固汽油弹和副油箱

右图：在罗马尼亚空军服役的25架“枪骑兵－C”空中防御型战机代表了米格－21的终极升级改型，该型战机既能挂载俄罗斯制R－73导弹，又能挂载以色列制“怪蛇”3（Python Ⅲ）型空对空导弹。

下图：一架出口型歼－7，称为F－7。

上图：在1995年5月24日的首次试飞中为世人所知，然而自从给柬埔寨制定的升级套件崩溃以来，以色列航宇工业公司（IAI）拉哈夫分公司制造的米格-21-2000型战机变得前途未卜。

上图：罗马尼亚枪骑兵机队的10架"枪骑兵-B"教练机（原米格-21UM/US战机）主要承担军事训练任务，同时还具有辅助战斗作用以及援助前线标准防御的作用。

上图：驻于斯利亚奇（sliac）的第313战斗机中队（斯洛伐克语：313.Stihaci Letka）操作米格-21MF战机来进行斯洛伐克的空中防御，其飞行员培训工作是由米格-21UM/US教练机担当的。这些飞机原先驻扎在马拉茨基（Malacky）的战斗机-轰炸机基地。

这架米格－21MF 隶属印度空军第 7 中队（"战斧"中队），米格－21MF 是印度米格机群的重要力量。印度空军的大部分米格－21 都被达索公司的"幻影" 2000 取代了。

进气道中央的圆锥体安装在滑机上，通过液压推动，可在三个位置间移动：正常情况时是收缩状态，1.5 马赫时部分伸出，1.9 马赫时是完全伸出。圆锥体内安装有 R2L "松鸦" 雷达。

印度的米格－21MF 可以携带各种武器。在空战时，说明了它的多功能性。在本图中的法制 R550 "魔术"。大部分米格－21 战斗机都安装了 GSh-23L 机炮，这是一种双管 23 毫米口径机炮，安装于机身下方。印度空军使用苏制 K-13A "环礁" 和 R-60 "蚜虫" 导弹，以及图中的法

两个前向减速板在液压撞杆的推动下，向外、向下对角展开，以降低飞机的速度。第 3 个减速板位于机尾。减速板的展开对飞机的平衡几乎没有影响。后部的减速板位于机身中线，采用了蜂窝状结构；与前方的两个减速板一样，它也是在液压干斤顶的推动下，迎着气流方向张开。

132

本页大图：在印度空军服役超过了35年，米格-21F型和米格-21FL正逐渐地被M系列和终极的bis型所替代。图示为1999年，印度空军第四"金莺"飞行中队服役的米格-21bis"鱼窝"战机继续从杰伊瑟尔梅尔（Jaisalmer）起飞，图中两架飞机位于这个低空飞行的紧凑梯队的右舷侧。

上图：拍摄于2000年4月的波兰Krzesiny空军基地。这架3 PLM"波兹南"米格-21MF不同寻常地配备了两个R-55（RS-1U升级型）"碱"式空对空导弹。波兰保留了大量的米格-21PFM/MF/bis/R/US/UM等型号的飞行队。

上图：驻富吉县（Phu Cat）的第920兵团空军学院内，未来的越南人民空军米格-21bis战机飞行员正驾驶米格-21UM"蒙古人-B"教练机进行训练。

上图：米格-25RBF型飞机移除了早期侦察轰炸机改型（RB系列）配置的照相机设备。取而代之的是，其机头上配备了两对为Shar-25 Elint电子情报系统所设的电介质板。这架特别的战机示例在驾驶舱下面绘制了一个"优秀单位奖"的徽章，以表现其所在飞行中队的优异战绩。

米高扬米格-25"狐蝠"

米格-25原型机首飞于1964年，速度达3马赫，实用升限21350米，明显是为了对抗北美B-70轰炸机计划。B-70计划取消了，"狐蝠"只能独自探索。1970年被称为米格-25P（"狐蝠"-A）的截击机服役，它的任务也转为对抗所有的空中目标，在任何天气条件下、无论白天与黑夜、在敌方高强度电子干扰环境中。米格-25进行了大量装备，构成苏联S-155P导弹截击机系统的一部分。这种飞机是由位于莫斯科的米格飞机公司（RAC MiG）即以前的米格和莫斯科飞机联合生产企业（MAPO-MiG），以及位于下诺夫哥罗德的索克尔飞机制造厂联合股份公司生产的。米格-25的

下图：米格-25那雄壮的体型和四四方方的形状使得它很容易和其他作战飞机区别出来。"狐蝠"是用一种独特的钢、铝和钛合金建造的，这使得它具有足够的结构强度来适应其高速度、高海拔的作战环境 它的设计足够强大来维持整个飞行航线，即使在恶劣的天气条件下。

上图：在冷战的那些年里，像上图这样模糊不清的黑白照片，是西方情报机构能够获得的关于"狐蝠"战机的唯一资料。然而，在1976年9月6日，苏联飞行员维克多·别连科上尉驾驶米格-25战机从Sakharovka空军基地叛逃到日本北部的函馆机场。一个美国情报小组很快就到达现场来检查他的飞机。

上图：从这张照片可以看出，米格-25朴实无华，这架"狐蝠"已经成为博物馆展品。米格-25是为了对抗美国的超音速轰炸机而匆忙设计出来的，但是它的美国对手只停留在纸面上。

上图：米高扬设计局使用模型来探索多种配置构型以研制速度能达到3马赫的战斗机。在飞机投入使用之前，设计团队的6个成员荣获列宁勋章，以表彰他们的成就。

上图：米格-25PU"狐蝠-C"是一种评价极高的型号。被用作教练机、适应机和天气侦察舰，这种双座式飞机的飞行时间比任何其他的米格-25型号都要长。

下图：这张瑞典空军所拍摄的一架正在飞跃波罗的海的米格-25BM战机，使我们回想起"狐蝠"经常被瑞典空军的"天龙"战斗机和"雷电"多用途战斗机拍照的年代。但如今，对俄罗斯飞机的拦截几乎是零。

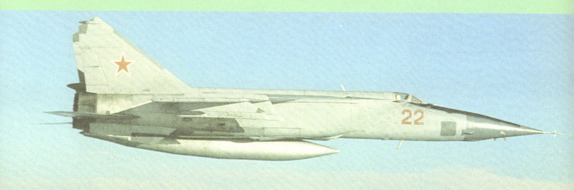

改型还服役于乌克兰、哈萨克斯坦、阿塞拜疆、印度、伊拉克、阿尔及利亚、叙利亚和利比亚。

米格－25P是一种双垂尾、上单翼飞机，机翼后掠角较小，水平尾翼倾角可变。为了提高飞机的纵向稳定性，防止大攻角和超音速飞行时发动机熄火，每个机翼的上翼面都安装有低矮的栅栏。采用上单翼布局和两侧进气道，可以减

上图：这两个身穿全压制服（高空飞行必需的）的苏联前线航空部队的飞行员正站在一架"狐蝠Ｆ"前面。其驾驶舱的变化仅限于增加了改进的任务设备面板。

下图：印度空军装备了6架米格－25RB飞机，其全部具有第102中队的特色鹰形徽章。印度空军的"狐蝠"战机中有一架在一次事故中报废，但其他的几架应该会持续服役下去。

少翼身结合处造成的气动效率损失。

米格－25可以携带4枚安装有红外或雷达跟踪弹头的R－40（北约代号"毒辣"）空对空导弹。这些导弹安装于飞机的翼下挂架。米格－25P可以携带2枚R－40和4枚R－60（AA－8"蚜虫"）导弹，或者2枚R－23（AA－7"尖顶"）和4枚R－73（AA－11"射手"）导弹。米格－25没有安装机炮。电子设备包括法佐特隆研究与生产公司的"斯莫奇"－A2雷达瞄准器（北约代号"狐火"）、敌我识别（IFF）应答器、用于与主动无线电定位模式导航与降落雷达通信的飞机应答器、雷达告警接收器。飞行控制与导航设备包括ARK－10自动无线电罗盘、RV－4无线电高度计和"波利特"－11导航与降落系统。这种导航与降落系统与地面无线电导航台和降落无线电导航台结合，能够使飞机实现程

米格－25P"狐蝠"－A

类　型：单座截击机

发动机：2台图曼斯基设计局制造的推力10200千克的R－15B－300涡喷发动机

性　能：高空最大飞行速度2974千米／小时；升限24383米；作战半径1130千米

重　量：空重20000千克；最大起飞重量37425千克

尺　寸：翼展14.02米；机身长23.82米；高6.10米；机翼面积61.40平方米

武　器：4个机翼挂架，可携带各种空对空导弹组合

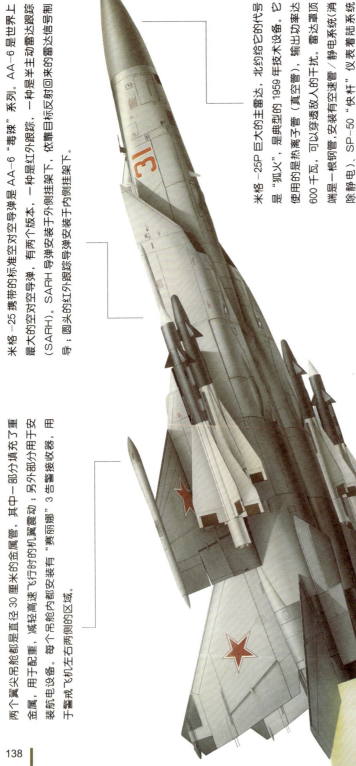

米格－25携带的标准空对空导弹是AA-6"毒辣"系列。AA-6是世界上最大的空对空导弹，有两个版本，一种是红外跟踪，一种是主动雷达跟踪（SARH）。SARH导弹安装于外侧挂架下，依靠目标反射回来的雷达信号制导；圆头的红外跟踪导弹安装于内侧挂架下。

米格－25P巨大的主雷达，北约给它的代号是"狐火"，是典型的1959年技术设备。它使用的是热离子管（真空管），输出功率达600千瓦，可以穿透敌人的干扰。雷达罩顶端是一根钢管，安装有空速管／静电系统（消除静电），SP-50"快桅"仪表着陆系统（ILS）、空中和间距／偏航传感器（反馈给大气数据系统）。

两个翼尖吊舱都是直径30厘米的金属管，其中一部分填充了重金属，用于配重，减轻高速飞行时的机翼震动；另外部分用于安装航电设备。每个吊舱内部都安装有"赛丽娜"3告警接收器，用于警戒飞机左右两侧的区域。

宽阔的机身下安装了两个腹鳍，相距离较远。每个腹鳍都有绝缘区域，以便于电子对抗设备的接收器和干扰器、超高频（VHF）无线电通信的工作。右侧腹鳍安装了可收放的钢制腹鳍保险杠。

上图：米格–25基本型作为截击机，自20世纪70年代服役后，进行了很大改进。它的一项重要任务是侦察，由于飞机的高空高速性能，很多防空系统对它无能为力。

式化的机动，例如爬升、航线飞行、返回起飞机场或3个紧急备用机场、燃油用尽时的迫降和复飞等。

米格–25在机身尾部安装了两台图曼斯基R–15B–300单轴涡喷发动机。主要通过位于座舱和发动机舱之间的焊接油箱供油，油箱占去了机身近70%的空间，发动机进气道附近安装有鞍形油箱，两个机翼安装有整体式油箱，几乎占据了外部栅栏内的所有空间。1991年海湾战争期间，一架米格–25成为整个战争期间伊拉克唯一一架取得空战胜利的飞机，它击落了一架F/A–18"大黄蜂"。在米格–25仅有的几次交战中，它们能够逃脱F–15"鹰"及其携带的AIM–7空对空导弹的攻击。

米格–25R、米格–25RB和米格–25BM都是米格–25P的衍生型号。如其后缀所代表的含义，米格–25R是侦察机，而米格–25RB则具有对目标进行高空轰炸的能力。米格–25RB安装有侦察设备、航空相机、地形航空相机、轰炸目标所需要的"皮腾"瞄准与导航系统以及电子对抗设备（包括主动干扰和电子侦察系统）。米格–25BM可以用制导武器攻击地面目标，可以击毁面积目标、协同单位获知的目标和敌方雷达。它的主要反雷达武器是Kh–58（AS–11"短裙"）导弹，这种导弹是由莫斯科的拉杜加设计局研制生产的。

前线航空兵的米格–25截击机逐渐被更为先进的米格–31取代。代号Ye–155MP的米格–31（北约代号"猎狐犬"）于1975年9月16日首飞，最初称为米格–25MP，并于1975年投产。1982年第一支装备米格–31的部队形成战斗力，取代了米格–23和苏–15。

上图：联邦德国空军从原民主德国继承了一定数量的米格-29，图中这两架是状态最好的，隶属拉格空军基地第73战斗机联队第731中队。

米高扬米格-29"支点"

米格-29于20世纪80年代初露面，敏捷性出众，似乎任何一种西方战机的机动性都无法与它抗衡，这令北约非常吃惊和不悦。正如F-15是专门对抗米格-25"狐蝠"和米格-23"鞭挞者"（这两种飞机于60年代末揭开面纱）而设计的，米格-29"支点"和苏霍伊苏-27"侧卫"是专为对抗F-15和格鲁曼F-14"雄猫"而设计的。这两种苏联飞机的布局非常相似，机翼后掠40度，翼根边条大角度后掠，悬挂式发动机，楔形进气道，双垂尾。米格-29的设计重点在于极高的机动性，能够击落200米至60千米范围内的目标。即便有地面杂波干扰，这种飞机安装的RP-29多普勒雷达也能够

本图：米高扬设计局的米格-29SD被用作空中加油测试飞机，其中马来西亚的米格-29N以及"新一代"的米格-29SMT/UBT都配备了螺栓可伸缩的空中加油探头。

上图：代号904，即第四架9～12米格-29原型机被用于结构负载分析，来测试作战机动性方面的限制，后来又被用来进行空对地武器试验。

左图：这架第一个9～12原型机是一次性的，其具有更长的前起落架且位置比后来的飞机更靠前，同时这架飞机还设计了两个双管GSH-23-2 23毫米机炮的挂架。后来901号飞机增加了腹鳍。

上图：另一张德国空军米格-29的照片。自1999年后，德国的米格-29进行了升级，这些飞机被称为米格-29G。2002年，德国空军仍有12架单座型米格-29和2架米格-29UB双座教练机。

探测 100 千米左右的目标。火控系统和任务计算机将雷达、激光测距仪和红外搜索／跟踪探测器与头盔上的目标指示器连接起来。雷达能够同时跟踪 10 个目标，机载系统可以使米格-29 接近或攻击目标时，不需要发出探测性雷达或无线电信号。1985 年，米格-29 形成战斗力。米格-29K 是海军型，米格-29M 是采用了线传飞控系统的改型，米格-29UB 是双座作战教练机。本书写作期间，印度海军正与俄罗斯协商购买 50 架米格-29K，用于装备从俄罗斯获得的"戈尔什科夫上将"号航空母舰。

俄罗斯开始为 150 架米格-29 战斗机进行升级，被称为米格-29SMT。升级内容包括提高航程和载荷，全新的玻璃化座舱，全新的航电，改进型雷达和空中受油管。雷达将换成法佐特隆"甲虫"，它也能同时跟踪 10 个目标，但是探测距离却达到 245 千米。米格-29M2 是双座型，米格-29OVT 是一种超级机动型，拥有三维矢量推力发动机喷嘴。波兰空军的 22 架米格-29 将由欧洲宇航防务集团（EADS，即以前的戴姆勒·克莱斯勒宇航公司）进行升级，进行必要的改进使其达到北约标准。EADS 还曾对德国空军从东德空军继承来的米格-29 进行了升级，并与米格飞机公司一道为其他的米格-29 用户提供现代化升级服务。

米格-29 安装的是两台 RD-33 涡扇发动机，是世界上第一种采用二元进气道的飞机。当飞行时，进气道敞开，采用正常方式进气；当飞机滑行时，进气道关闭，通过翼根上方的百叶窗进气，可以阻止跑道上的杂物进入进气道，这在没有修整好的飞机跑道上起飞时尤其重要。

本书写作时，俄罗斯空军大约装备了600架米格-29，另外其他国家的空军也装备了米格-29：孟加拉国8架，白俄罗斯50架，保加利亚17架，古巴18架，厄立特里亚5架，德国19架，匈牙利21架，印度70架，伊朗35架，哈萨克斯坦40架，马来西亚16架，缅甸10架，朝鲜35架，秘鲁18架，波兰22架，罗马尼亚15架，斯洛伐克22架，叙利亚50架，土库曼斯坦20架，乌克兰220架，乌兹别克斯坦30架，也门24架。

苏联解体后，继承苏联米格-29战斗机的最小的国家是摩尔多瓦，这个国家如同三明治一般夹在乌克兰和罗马尼亚之间，因此没有足够的财力供养这些战斗机。1997年，美国从摩尔多瓦购买了21架"支点"，部分原因是为了防止这些战斗机落入伊朗手中，这其中14架是"支点"-C，具有投掷战术核武器的能力。这些飞机被拆解开来，由巨大的C-17"全球霸王"III运输机空运至美国俄亥俄州代顿莱特-帕特森空军基地的国家航空情报中心。

图中这架是米格-29M，机背空间增加，以携带更多的燃油和航电设备，机身内部也有所变化。水平尾翼面积增加，可以更好地控制俯仰和翻转。

米高扬－格列维奇米格-29M

类　型：单座空优战斗机

发动机：两台萨克索夫公司制造的推力9409千克的RD-33K涡喷发动机

性　能：11000米高度最大飞行速度2300千米／小时；升限17000米；内油航程1500千米

重　量：空重10900千克；最大起飞重量18500千克

尺　寸：翼展11.36米；机身长17.32米；高7.78米

武　器：1门23毫米GSh-30机炮；8个外挂点，可携带4500千克弹药，包括6枚空对空导弹、火箭弹吊舱和炸弹等

米格-29 "支点" -A 基本型安装了 N-019 (RLPK-29) "黑槽" 专用空对空雷达,而米格-29M 的现代化多功能雷达具有空对空和空对地多种模式。这种多功能雷达具有地形跟踪和规避,真实波束和合成孔径地形测绘,为空对地导弹提供目标指示和导航等能力。

米格-29 由于座舱老旧而备受批评,安装了传统的模拟式仪表,而没有安装任何多功能显示器。但是,有很多飞行员认为现代化座舱为飞行员提供的信息过于饱和。

米格-29 有 40% 的升力是由能够产生升力的机身提供的,这种飞机的攻角比以前的战斗机至少要大 70%。

米格-29 可以携带各种武器,执行截击和争夺制空权任务时,通常要携带 AA-9 远程 "发射后不管" 导弹(类似于美国海军的 "不死鸟")和 AA-10 "白杨" 中程导弹。正在发射的这枚导弹是 AA-8 "蚜虫" 短程导弹。

上图：米格-29SMT的一架生产型飞机，其配备了螺栓紧固式的空中加油探头，并挂载Kh-31P型被动雷达寻导75英里（120千米）射程的空对地导弹以及R-73型导弹。

下图：虽然外表上米格-29M与基本型"支点"飞机非常的相似，但是它拥有更强大的多功能性和航程。

上图：后来的"支点"战机能够携带非常可观的武器装备负载。中程的"三角旗"（Vympel）R-77空对空导弹就是米格-29M挂载的主要武器之一，然而这一型导弹与飞机系统的整合比较麻烦。

右图：在项目被中止之前，米格-29M在范保罗国际航天展览会和巴黎国际航空航天展览会中都做出过展出。虽然它比美国F-16"战隼"战斗机和F／A-18"大黄蜂"便宜，但新型的"支点"并没有获得国外订单。

上图：在苏联解体前，苏-17M是苏联空军战术空军部队的重要组成部分。左侧的飞机携带的是典型对地攻击载荷，机翼内侧挂架携带S-24火箭弹，机身下携带两枚FAB-250炸弹。

苏霍伊 苏-7"装配匠"

帕维尔·苏霍伊，早年失宠于斯大林。1953年斯大林死后，才得以恢复原职，为20世纪50年代末期苏联航空制造业贡献良多。他的设计局推出了苏-7"装配匠"和苏-9"捕鱼笼"两种单座单发飞机。苏-7于1956年首次公开露面，是为前线航空兵设计的近距空中支援飞机，机翼后掠角60度，翼根处安装两门30毫米机炮；它的机翼下还能够携带相对较重的弹药、火箭弹或炸弹。苏-7是整个60年代苏联空军的标准战术战斗轰炸机。后来，苏霍伊设计局对苏-7进行了重新设计，安装了更强劲的发动机和可变机翼，增加了油箱容量。这就是后来的苏-17/20"装配匠"-C，作为

一种由固定翼飞机衍生出来的可变翼飞机，"装配匠"-C可谓独一无二。它是将现有设计发挥到极致的俄国式天才的绝好例证。"装配匠"-C的研制是苏联持续研发、使一种战机基础设计的寿命达到30或40年、增强长期标准化的实践。而且从长期来看，使用同一种生产设施可以降低成本，这就是苏联战斗机在国际市场上比西方战斗机竞争力强的原因。苏-22是安装了地形规避雷达和其他改进型航电设备的升级版本，而代号"农民"的苏-7U是双座教练型。

据透露，波兰空军驾驶苏-7的飞行员接受过投掷战术核武器的训练。第5团"波莫尔斯基"的飞行员和技师曾在

苏联接受投掷战术核武器的训练。1965年，华沙条约组织在东德爱尔福特附近举行的"十月风暴"军事演习中，派出波兰苏-7进行了"特种攻击"。波兰苏-7的行动由苏联前线航空兵控制，机身下携带一枚RU-57战术核炸弹和3个副油箱（一个位于机身下，其余两个位于机翼下）。因此，波兰苏-7是在波兰空军的名义下，代表苏联秘密执行核任务。波兰空军的苏-7基地在托伦附近，苏联将战术核武器存放在那里的掩体中。在1969年比得哥煦基地关闭前，波兰空军的苏-7BMK和苏-7UMK曾在那里部署。

在1967年六日战争前期，埃及空军的苏-7多次执行任务，有两架苏-7在突袭埃·阿里什时被击落。在1969年至1970年所谓的"消耗战"中，一架埃及的苏-7于1969年11月迫降在以色列控制区，使以色列意外获得了有价值的情报。1970年4月，在苏伊士运河附近进行的"打了就跑"突袭中，埃及损失了3架苏-7。1970年9月11日，一架苏-7进行侦察时被击落。埃及空军8个苏-7BM中队（另有阿尔及利亚的3个中队支援）参加了1973年的赎罪日战争，为10月6日900辆坦克攻击戈兰高地提供支援。战斗打响时，苏-7、米格-19以及伊拉克的"猎手"一道低空扫射以色列部队。在这次冲突中，苏-7创造了不错的战绩，经受住了地面火力的攻击。

苏-9"捕鱼网"-A是与苏-7同时代的单座截击机——一定程度上可以算作安装三角翼的苏-7。它可以携带苏联第一代空对空导弹，机翼下可携带4枚AA-1"碱"半主动雷达跟踪导弹。1961年，由苏-9发展而来的新型号——苏-11"捕鱼网"-B问世，随后升级了发动机的"捕鱼网"-C服役。

苏霍伊苏-7B"装配匠"-A

类　　型：单座战术战斗轰炸机

发 动 机：1台留里卡设计局制造的推力9008千克的AL-7F涡喷发动机

性　　能：高空最大飞行速度1700千米／小时；升限15200米

作战半径：携带50%载荷进行高-低-高飞行时，作战半径320千米

重　　量：空重8620千克；最大起飞重量13500千克

尺　　寸：翼展8.93米；机身长18.75米；高5.00米；机翼面积27.60平方米

武　　器：2门30毫米NR-30机炮；4个外挂点，可携带2枚750千克炸弹和2枚500千克炸弹

苏 -7 服役至 20 世纪 90 年代，后期主要用于各种测试。特种改型机包括苏 -7LL 弹射座椅测试机，采用了苏 -7M 的机身，座舱后部进行了改造，可以安装需要测试的座椅。

苏 -7 机身是一种半圆形单体壳结构，机身横截面是圆形。生产型苏 -7 的机头部分与 S-1 原型机有明显区别。从苏 -7B 的第三批生产型开始，空速管移至右侧。

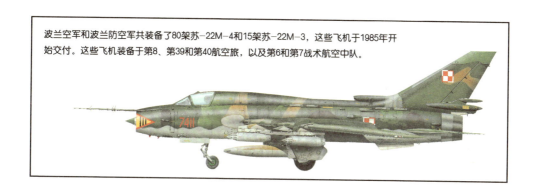

波兰空军和波兰防空军共装备了80架苏-22M-4和15架苏-22M-3，这些飞机于1985年开始交付。这些飞机装备于第8、第39和第40航空旅，以及第6和第7战术航空中队。

生产型苏-7安装了一对30毫米NR-30机炮。机炮位于两侧翼根前缘，每门机炮备弹70发。所有的生产型苏-7都安装了同样的机炮，包括早期生产的双座型苏-7U和苏-7UM。

三轮车式起落架，主起落架位于机翼外侧，摇臂式悬挂机轮配有油液气压减震器。苏-7BM安装了KT-69刹车轮。

上图：在进行了重新喷涂并完全复原之后，一架早期的研发机型T8停放在一个苏联的空军基地中。早期型号需要注意的是更加细小的机头形状和更小的进气道。在研发过程中，至少两架T8坠毁，其中一架的测试飞行员Y.A.Yegerov不幸遇难。

苏霍伊 苏－25 "蛙足"

与 A-10 "雷电" II 同级别的苏制攻击机就是苏霍伊设计局的苏－25，但是实际上，苏－25（北约代号"蛙足"）的设计时间更接近于达索－道尼尔的"阿尔法喷气"或英国宇航的"鹰"。苏－25K 单座近地支援机于 1978 年开始服役，并在苏联入侵阿富汗期间参加过几次实战，这种飞机的坚固在几次交战中展露无遗。亚历山大·V.鲁茨科伊上校驾驶的一架苏－25 曾遭受两次重创：一次是被地面防空炮火击中，另一次是被巴基斯坦空军 F-16 发射的"响尾蛇"空对空导弹击中。每一次飞行员都驾驶着受损的飞机一瘸一拐地返回了基地。飞机经过修理、重新喷漆后，又重返部队。鲁茨科

本页图：同其单座攻击式机型不同的是，苏-25UTG主要用来培训苏联的飞行员进行基本的舰载操作，但是并没有在合适的情况下进行。

上图：10架苏-25UTG中的一架在Admiral Kuznetsov航空母舰上着陆时挂上拦阻索然后停下。在苏联解体之后，其中的5架被送到乌克兰。

左图：翼尖安装有减速板，阿赫图宾斯克科学与技术研究所飞行中心的苏-25TM是"蛙足"家族的最新改型。这种飞机改进了防御系统，以对抗单兵便携式防空导弹的威胁。

伊不能总是那么幸运：他在一次作战行动中驾驶着另外一架苏－25，飞机被地面防空炮火和一枚"吹管"肩射导弹击中，导弹在右侧发动机处爆炸。飞机仍在继续飞行，但是另一发高射炮弹将其击落。鲁茨科伊成功弹射，被巴基斯坦政府抓获，最后得到遣返。但是，在阿富汗的作战也暴露出一些苏－25的重大缺点。例如，两台发动机距离过近，如果一台被击中起火，那么另一台也很有可能会起火。当"蛙足"第一次与"毒刺"肩射导弹交锋时，两天之内有4架飞机被击落，两名飞行员丧生——导弹碎片切开了机身后部的油箱，而油箱正好位于尾喷管上方。

根据阿富汗战争得来的教训，苏霍伊设计局推出了名为苏－25T的升级型，改进了防御系统，以对抗"毒刺"等武器。

改进措施包括，在发动机舱之间和燃油舱底部安装几毫米厚的钢板。经过这一改进，再也没有苏－25被肩射导弹击落。在长达9年的阿富汗战争期间，苏联共损失了22架苏－25。

苏－25UBK是双座出口型，而苏－25UBT是海军型，起落架和着陆拦阻装置经过了加强。苏－25UT是教练型，没有标准型苏－25UBK的武器挂架和战斗能力，但是保留了恶劣场地起降能力和持续力。苏联空军本来计划用苏－25UT取代大量装备的L－29和L－39教练机，但是只有一架苏－25UT在1985年8月进行了试飞，而且采用的是DOSSAAF（苏联的一个军事化"私人飞行"组织，为学生提供基本的飞行训练）的涂装。实际上，这架飞机在性能上超过了L－39，但是仅被用于特技飞行表演。

苏霍伊苏－25"蛙足"－A

类　型：单座近地支援机

发动机：两台图曼斯基设计局制造的推力4500千克的R－195涡喷发动机

性　能：海平面最大飞行速度975千米／小时；升限7000米；携带4400千克作战载荷进行低－低－低飞行时，作战半径750千米

重　量：空重9500千克；最大起飞重量17600千克

尺　寸：翼展14.36米；机身长15.53米；高4.80米；机翼面积33.70平方米

武　器：1门30毫米GSh－30－2机炮；8个外挂点，可携带4400千克弹药，两个外侧挂架可携带空对空导弹

上图：除了在机翼外侧下面的挂载点，安装在苏—25机翼下所有的挂载点都采用了可以搭载较大重量的通用类型。两侧中间的挂架接有电线，可以携带电子对抗干扰吊舱。改装后的挂架可以搭载空对空导弹。

右图：苏联的苏—25机型在设计时可以承受小型火力、机关炮甚至萨姆防空导弹的攻击，因此凭借其存活性而获得了让人羡慕的声誉。在阿富汗，苏—25比其他苏联战场中的喷气式高速飞机的损失率都要低。

伊拉克的30～45架"蛙足"于1986年至1987年交货，采用了独特的沙土迷彩，机翼下为淡蓝色。1989年3月进行了公开展示，参加了两伊战争。在"沙漠风暴"行动中，美国空军的F—15C击落了两架"蛙足"。

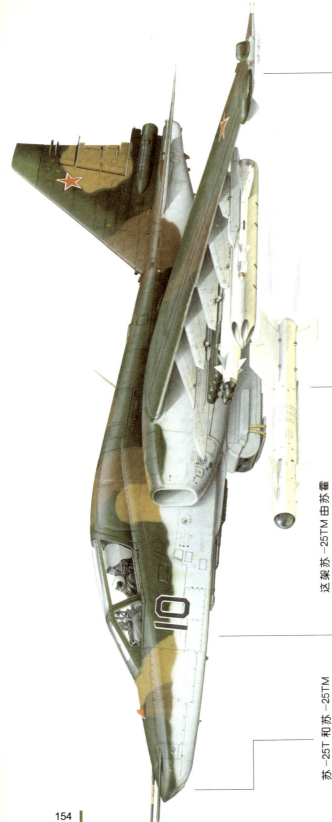

苏-25的两侧外挂架可以携带MSP-410"奥木尔"电子战吊舱、B-13火箭吊舱，可装载干扰诱耳。重新设计的翼尖吊舱内安装的是雷达告警接收器和电子对抗设备的天线。

苏-25TM安装了8个BD3-25重型通用挂架和两个轻型通用PD-62-8外侧挂架，轻型挂架用于携带空对空导弹。即使内侧挂架和中线挂架携带了800升副油箱，其余的挂架仍可携带500千克的各种苏制炸弹。

这架苏-25TM由苏霍伊设计局飞行测试部掌管，隶属于阿赫图宾斯克的联邦飞行测试中心，位于伏尔加格勒和阿斯特拉罕之间。这架飞机被称为"蓝色10号"，用于武器测试，并在海外航展上为潜在用户进行了飞行表演。

苏-25T和苏-25TM的特点是机头经过重新设计，向前伸出的六角形舱窗内安装的是激光测距及目标指示器和I-251微光电视（LLTV）导弹制导系统的光学器件。

本图：苏-25看上去显得笨拙别扭，却成为阿富汗一道既常见又令人生畏的风景。图中所示飞机携带有一对副油箱，4枚火力强大的S-24非制导火箭弹。

左图：许多伊拉克的苏-25战斗机在沙漠风暴行动中损失掉。至少有两架在空战中被击中坠毁，而许多其他的，如图中所示飞机，在地面上失事。

下图：共计14架（包括2架双座式机型）苏-25在1988－1999年间交付到安哥拉。这些飞机在同争取安哥拉彻底独立全国同盟（UNITA）的战争中频繁出场。

上图：这架涂装独特的苏-27"侧卫"隶属俄罗斯空军"勇士"飞行表演队。苏-27的矢量推力喷嘴使其具有出色的机动性，是理想的飞行表演飞机。

苏霍伊 苏-27 "侧卫"

自20世纪80年代中期以来，北约代号"侧卫"的苏霍伊苏-27战斗机与米格-29战斗机一道，为苏联及独联体提供了令人畏惧的防空能力。与F-15一样，苏-27也要扮演双重角色。除了基本的空优任务外，还要为执行纵深渗透任务的苏-24"击剑手"护航。研制计划始于1969年，原型机被称为T10-1，首飞于1977年5月20日。T10-1并没有达到设计要求，而且出现了很多问题，第二架原型机T10-2由于系统故障而坠毁，试飞员丧生。经过大量重新设计的全新原型机T10-S终于露面，于1981年4月20日首飞。这种飞机最终演化为苏-27。苏-27P"侧卫"-B防

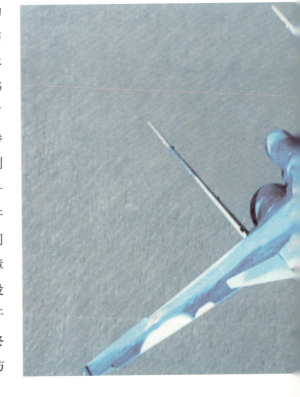

上图：苏-27M（苏-35）机型作为一款苏-27的先进多用途衍生机型而进行研制。该机型参与了最近几年来所有的国际战斗机竞争，但是并没有取得成功。

上图：苏-30MK采用升级后的雷达，已经发展成为一款多用途攻击战斗机。采用了一系列让人印象深刻的空对空以及空对地武器，包括精确制导导弹。苏-30MKI被出口到印度，在印度进行了改装，增加了鸭翼以及发动机推力矢量喷嘴。

下图：在苏-27的基础设计之上发展出了多种衍生型号，其中变化最大的当属苏-27IB（苏-34）远程攻击机。它沿用了苏-27的机身，而机身前端则是极有特色的并列双座和与众不同的"鸭嘴兽"状机鼻。

空战斗机于 1981 年进入批量生产，最初是小批量生产，1982 年进入全力生产，但是战斗机直到 1984 年才完全形成战斗力。现在，这种飞机在俄罗斯、乌克兰、白俄罗斯、哈萨克斯坦和越南空军中服役。苏 -30MK 是其改型，印度第一批购买了 50 架，2002 年 7 月开始交货，印度还取得了本国生产的许可证。

苏 -27 是一种翼身融合的双垂尾战斗机。它的机身由钛和高强度铝合金制成。发动机舱安装了裤管式整流罩，在发动机舱和尾梁之间形成了连续的流线型。两个发动机舱之间的中梁部分包括设备舱、油箱和减速伞舱。机身前部是半硬壳式结构，分为座舱、无线电舱和航电舱。与米格 -29 一样，苏 -27 的机翼后掠角也是 40 度，翼根边条大角度后掠，悬挂式发动机，楔形进气

图中这架是苏-27K，其特点是双缝襟翼延伸于几乎整个机翼后缘。低速飞行时，内侧襟翼与副翼的动作完全不同。苏-27K用于航母作战。

上图：P-42所创造的很多纪录目前仍然保持着，该飞机目前在Zhukhovskii露天放置着。已经有证据暗示该飞机将成为苏霍伊设计局博物馆里的最引人注目的部分。

左图：苏霍伊设计局在政治上的优势可以确保"侧卫"将来的发展。竞争对手声称（也有一些证据）当苏霍伊和一家不是苏霍伊的单位竞争俄罗斯政府的资金支持时，最后获胜的毫无疑问是苏霍伊设计局设计的机型，尽管有时候并不出众，或者对于并不满足特定的要求。其中的典型就是苏-27K（苏-33）海军改型，在竞争中击败了性能更加出众的米高扬设计局的米格-29K机型。

道，双垂尾。适中的后掠翼加上大角度后掠的边条，能够提高机动性和产生升力，因此它的攻角也非同一般。苏－35是由"侧卫"－B发展而来，最初称为苏－27M，是第二代改型，敏捷性和作战能力都有所加强。

苏－27SK是最近推出的"侧卫"升级型，安装了全新的电子对抗设备，既能够进行自卫，也能够在飞机前半球或后半球进行相互掩护或小组掩护。对抗系统包括飞行员探照雷达告警接收器，箔条与红外干扰弹发射器和翼尖吊舱内的多模式干扰器。飞机安装了法佐特隆N001"甲虫"固态多普勒雷达，具有边跟踪边扫描和下视／下射能力。雷达能够探测到飞机前半球100千米或后半球40千米外3平方米大小的目标。雷达能够搜索、探测和跟踪10个目标，自动进行威胁评估和排序。飞机还安装了OEPS光电系统，包括红外搜索与跟踪探测器和激光测距仪。根据目标方位角的不同，这种光电系统的探测距离在40千米至100千米之间。无线电通信设备能够传输语音和数据；飞机和地面控制站之间的VHF/UHF无线电通信仅限于目视距离，而语音无线电通信距离则超过1500千米；加密数据链可以实现飞机之间的作战信息交换；地面控制站可以通过自动拦截模式对飞机进行指挥和引导。

苏－27SK安装了两台AL-31F涡扇发动机，这种发动机是由留里卡设计局（现在的NPO土星集团）设计的。每台发动机都有两个进气道，辅助进气道仅在飞机滑行避免吸入外物时才会使用。这种双轴涡扇发动机可以使气流在涡轮机后混合，包括一个通用加力燃烧室，一个全模式面积可变的尾喷嘴，一个独立启动和一个主电子控制系统，以及一个备份的液压机械模式控制系统。发动机的高温部分是由钛合金制造的。

苏霍伊苏－27"侧卫"－B

类　型：单座空优战斗机

发动机：两台留里卡设计局制造的推力12500千克的AL-31F涡扇发动机

性　能：高空最大飞行速度2500千米／小时；升限18000米；航程4000千米

重　量：空重20748千克；最大起飞重量30000千克

尺　寸：翼展14.70米；机身长21.94米；高6.36米；机翼面积46.50平方米

武　器：1门30毫米GSh-301机炮；10个外挂点，可携带各种空对空导弹组合

批量生产以前的"侧卫"-B的垂尾顶端是平的,安装有向前突出的抗震颤块。前期生产型"侧卫"-B保留了抗震颤块,但是垂尾顶端是尖的。图中这架飞机是后期生产的"侧卫"-B,"尖顶"的垂尾,而没有抗震颤块。

"侧卫"-B安装了复杂的火控系统,RLPK-27固态多普勒雷达具有边跟踪边扫描和下视/下射能力。如果雷达出现故障,还有光电系统备用,该系统包括激光测距仪和红外搜索与跟踪系统,能够与飞行员的头盔目标瞄准器相连。

通常苏-27在内侧机翼外挂点和机身挂架带远程R-27空对空导弹,翼尖发射导轨和外侧机翼外挂点带近程R-73空对空导弹。

苏霍伊的苏-27"侧卫"-B涂装与众不同,在发动机舱外口处绘有鲨鱼,可能是因为这架飞机曾于1995年胜利日大阅兵中快速飞越莫斯科。这架飞机隶属第760空战研究团,据悉该部队卧为主要负责训练武器教官和研究新战术。

上图：苏-27UB飞机位于三架俄罗斯骑士飞行表演队表演用机的首位，这是该表演队第一次访问红箭表演队所在地斯坎普顿（Scampton）英国皇家空军基地。双座式样机在表演队的表演当中起到了重要的作用，另外也用于进行复习训练和公开飞行。

上图：俄罗斯的"侧卫"飞行团通常装备3～4架双座式机型。后部驾驶舱（根据苏霍伊设计局所说）的视野比F-15B/D机型的要好，通常来说，俄罗斯的双座式机型没有为领航员装备潜望镜。

下图：Severomosk飞行编队的苏-27K飞行员在海军航空兵中享有"刀尖上的舞者"的赞誉。所有的头盔都带有头盔瞄准设备，可以进行Vympel R-73导弹的瞄准发射。机组成员的年龄表明海军需要具备相当经验的飞行员来组成其首支海军"侧卫"编队。

上图：苏-27K进入服役后，北约组织为其单独进行了命名。该机型被航空局通讯中心（SACC）称为"侧卫-D"。然而该名字并没有被使用，而其正确的编号（苏霍伊设计局编号为苏-33）广为流传和使用。

下图：苏-27UB机型的首张照片于1989年曝光，同年在勒布尔歇（Le Bourget）的巴黎航展首次在公众面前亮相，距米格-29在法恩伯勒航展的亮相不到一年的时间。两架苏-27UB参加了航展，但是是单座式机型做出了那个令人赞叹的表演动作，即广为流传的普加乔夫眼镜蛇机动。

上图：英国制造的最后一架"火神"B.2 XM657，拍下它身影的是"喷气校长"教练机。1964年12月XM657交付英国皇家空军，1982年在肯特郡的曼斯顿英国皇家空军机场度过余生，被用于消防演习。

4 英国

第二次世界大战后英国经济一直不景气，英国在空气动力学研究和发动机技术方面的领先地位一直保持到20世纪50年代末，但之后便步履蹒跚。

经济上的约束是限制英国国防工业发展的主要因素，有限的经费大都用于发展独立的核威慑力。尽管如此，英国设计师还是设计出了本国的飞机——比大多数国家要强得多。假如英国政府在1956年至1957年做出了正确的选择，没有通过导致TSR-2计划终止的灾难性政策，那么英国航空工业完全有可能完成一次漂亮的转身。喷气时代早期困扰英国的主要问题是，没有人把飞机设计领域的人力和财力聚集起来。设计师们使用了所有可以使用的研究设施，但是他们的研究工作各行其是，经常出现重复和浪费。TSR-2计划是个转折点，它标志着英国飞机研制的新阶段，原型机试飞了，但这只是昙花一现。TSR-2计划的取消也带来了一点好处：它将英国航空工业推上了国际合作的道路。

上图："火神"部队执行低空任务后最大的变化是涂装了迷彩。图中是一架科蒂斯莫尔空军基地的B.2和芬宁利空军基地第230作战转换中队的一架白色涂装"火神"。

英国阿芙罗公司"火神"

作为世界上第一种采用三角翼布局的轰炸机，英国阿芙罗公司的698型"火神"的原型机（VX770）于1952年8月30日首飞，其基本结构是在阿芙罗707系列三角翼试验机上测试的。第一架原型机安装的是4台劳斯莱斯"埃文"涡轮喷气发动机，后改为布里斯托尔·西德利公司的"蓝宝石"发动机，最后改为劳斯莱斯"康威"发动机，而第二架原型机（VX777）安装的是布里斯托尔·西德利公司的"奥林巴斯"100发动机。VX777于1953年9月3日首飞，其特点是机身稍微加长，后来该机更换了机翼——机翼前缘经过重新设计，后掠翼改用复合材料，于1955年10月5日试飞。后来VX777又被用于测试"火神"B.Mk.2更大的机翼，最终于1960年退役。

1956年7月，第一架生产型"火神"B.Mk.1交付第230作战转换中队。1957年7月，第83中队成为第一支装备这种新式轰炸机的部队。1957年10月，第101中队成为第二支装备这种新式轰炸机的部队，1958年5月著名的第617中队"水坝破坏者"成为第三支。此时，生产型已经升级为"火神"B.Mk.2。1958年8月30日，第一架生产型"火神"B.2首飞，安装"奥林巴斯"200发动机；第二架原型机凸出的尾部整流锥内安装了电子对抗设备，它也是后期生产型的标准。"火神"B.Mk.1生产了45架，后期订购的

"火神"都按照 B.Mk.2 的标准制造，安装了空中加油设备，该型机设计要求可以携带美国的"天弩"空射型中程弹道导弹（IRBM）。但是该导弹后来被取消，3 个"火神"中队装备的是"蓝钢"防区外发射导弹。与此同时，34 架服役中的"火神"B.Mk.1 被改进为 B.Mk.1A 标准——安装了新型航电设备和电子对抗设备。1963 年年初，改进工作完成。装备"火神"B.Mk.1A 的是第 44 中队（1960 年 8 月 10 日组建于林肯郡瓦丁顿，由第 83 中队改变编号而来）、第 50 中队（1961 年重新组建）、第 101 中队和"火神"作战转换中队。"火神"B.Mk.2 也进行过航电升级改进，包括安装地形跟踪雷达，后来被称为 B.Mk.2A。将快速反应警报（QRA）任务转交给安装"北极星"

导弹的皇家海军核潜艇后，英国皇家空军的"火神"部队开始为北约（NATO）和中央条约组织（CENTO）执行自由落体炸弹投掷任务。第 27 中队的 B.2 还执行过一段时间的海上雷达侦察任务，被称为"火神"B.2 海上雷达侦察机(MRR)。1982 年 5 月，"火神"从大西洋的阿森松岛起飞，协助英国特遣部队从阿根廷手中夺回马尔维纳斯群岛。这些作战任务代号"黑色雄鹿"，包括常规轰炸任务和单机反雷达任务，每次任务都至少由 11 架次的"胜利者"K.2 加油机提供支援。各型号的"火神"共生产了 136 架，包括两架原型机，其中 89 架为 B.2 型。最后 6 架"火神"隶属第 50 中队，被改装为加油机。

英国阿芙罗公司（原霍克·西德利公司）"火神"B.Mk.2

类　型：5 机组成员战略轰炸机

发动机：4 台布里斯托尔·西德利公司生产的推力 9072 千克的"奥林巴斯"Mk.301 涡喷发动机

性　能：高空最大飞行速度 1038 千米／小时；升限 19810 米；航程 7403 千米

重　量：最大起飞重量 113398 千克

尺　寸：翼展 33.83 米；机身长 30.45 米；高 8.28 米；机翼面积 368.26 平方米

武　器：21 枚 453 千克的高爆炸弹；"黄色太阳"Mk.2 或 WE.177B 核武器；可携带"红雪"核弹头的"蓝钢"空对地导弹（仅限"火神"B.2BS）

1982 年 5 月，"火神" B.2 XM597 执行 "黑色雄鹿" 任务，对马尔维纳斯群岛进行反雷达攻击。这架飞机由中队长麦克唐尔驾驶，在第二次出击中由于受油管折断，它不得不迫降到巴西里约热内卢国际机场。XM597 的身影随后见诸报端。

执行反雷达任务时，"火神" 携带 AGM-45A "百舌鸟" 导弹，这种导弹有高爆破片杀伤弹头，能够在 12 千米外发射。英国的 "百舌鸟" 是由美国空军的 "鬼怪" 战斗机空运而来——从德国起飞，机翼下携带 "百舌鸟"。

一般来说，"火神" 狭窄的座舱容纳 5 名机组成员，如有必要还可以再挤进两人。执行 "黑色雄鹿" 任务时，机组乘员为 6 人，增加的一人是空中加油指导员 (ARI) 或者 "火神" 飞行员，负责协助空中加油。

尽管 "火神" 设计初衷是为了携带核武器，但它也可以携带 21 枚 453 千克的自由落体炸弹。"火神" 的自由落体核武器是 WE.177B，需要低空投掷。"火神" 安装了地形跟踪雷达，这种雷达最初是为被取消的 TSR-2 设计的。

上图：转向低空
苏联防空系统的发展促使"火神"飞机在20世纪60年代的进攻特征转向了低空穿越性能的提高，驾驶大型轰炸机的机组人员需要学会新的驾驶技能。

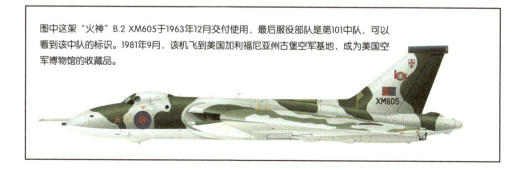

图中这架"火神"B.2 XM605于1963年12月交付使用，最后服役部队是第101中队，可以看到该中队的标识。1981年9月，该机飞到美国加利福尼亚州古堡空军基地，成为美国空军博物馆的收藏品。

上图：一架皇家海军的"海鹞"FA.2正在航母甲板上降落。FA.2进行了一系列重大升级，机身前段经过了重新设计，以安装费伦蒂公司的"蓝雌狐"多普勒雷达。

英国宇航公司"海鹞"

"海鹞"FRS.1是从"鹞"的基本机身发展而成，皇家海军为其3艘"无敌"级航空母舰订购了"海鹞"。机鼻加长，以安装"蓝雌狐"防空截击雷达；座舱增高，以安装更多航电设备，并为飞行员提供更好的全向视野。1978年8月20日，第一架"海鹞"FRS.1在敦斯福德首飞；这架编号XZ450的飞机不能算是原型机，而是第一架生产型；"海鹞"的订单数量也从24架增加至31架。同年11月13日，XZ450成为第一架在航空母舰（"赫尔墨斯"号）上降落的"海鹞"。除了第一批生产型，1975年英国还订购了3架发展型"海鹞"。第一架编号XZ438，首飞于1978年12月30日，由

上图：1978年8月20日，带有铬黄色喷涂和少量必备设备的XZ450验证机在敦斯福德低调地进行了"海鹞"战斗机的首次试飞。该飞机实际上是建造的第四架验证机。

制造商保留，用于问题处理和性能测试；第二架编号XZ439，首飞于1979年3月30日，交给了博斯科比顿的飞机与军械

本图：XZ451是"海鹞"的第二架原型机，在第三架测试机之前出厂。当时30毫米口径的ADEN机关炮还没有进行安装。增加了腹部的边条翼来保证其空气动力特性。在盘旋时保证了空气的循环利用。

上图："海鹰"反潜导弹是"海鹞"的重要武器，如图所示装载在正在进行地面垂直起降测试的预生产机型。

实验研究所（A&AEE），用于武器测试；第三架编号XZ440，首飞于1979年6月6日，在敦斯福德、博斯科比顿、皇家航空研究中心和劳斯莱斯（布里斯托尔）公司进行问题处理和性能测试。

第二架生产型"海鹞"编号XZ451，首飞于1979年5月25日，这也是第一架由皇家海军全权使用的"海鹞"，1979年6月18日加入强化飞行测试部队（IFTU）。

1979年6月26日，萨默塞特郡维尤尔顿的皇家海军航空站，第800A海军飞行中队被任命为IFTU；1980年3月31日，该部队解散，被改编为第899总部和训练中队。第二支"海鹞"是第800中队，

下图："海鹞"FRS.Mk1战斗机与AIM-9L导弹的组合在马岛海战中发挥了重要的作用。第二代"海鹞"战斗机保留了响尾蛇导弹。该飞机还装备了位于机身下面的30毫米口径ADEN机关炮，可以用AIM-120导弹阿姆拉姆（AMRAAM）导弹发射架或者气动边条翼替代。

"海鹞" FRS.1 机身下吊舱内安装两门 30 毫米 "阿登" 机炮，每门机炮备弹 150 发。海鹞" FA.2 安装的是两门 25 毫米 "阿登" 机炮。

两个机炮吊舱之间是道奇·罗托公司的双轮主起落架，几乎承担了飞机的全部重量，向外岔开的轮子起稳定作用。在航空母舰甲板上降落时，还要加装防滑刹车板。

1982 年马尔维纳斯群岛冲突中使用的美制 AIM-9L "响尾蛇" 导弹，其特点是较长的控制舱。FRS.Mk.1 只携带 "响尾蛇" 空对空导弹，尽管理论上这种飞机右侧副油箱处可以携带英国宇航公司的带照射雷达的 "天空闪光" 导弹。

全身采用低可见度的暗海洋灰涂装，这是 FRS.1 方向舵上的棋盘标志和飞翼三叉戟徽章，表示其隶属第 801 中队。第 801 中队是在南大西洋冲突中重新获得任命的。"海鹞" 垂尾顶端的 "N" 表示它曾在英国皇家海军 "无敌" 号航空母舰上服役。

英国宇航公司的"海鹞"FA.2是"鹞"的终极改型，主要改进了雷达和武器。"海鹞"退役后，舰队防空任务将交给英国皇家空军的"鹞"GR.7，由皇家空军和皇家海军的飞行员共同驾驶。

1980年4月23日得到任命；1981年2月26日，第801中队获得任命。和平时期每个中队有5架"海鹞"。第800中队部署在"赫尔墨斯"号航空母舰上，第801中队则部署在"无敌"号上。与此同时，英国宇航公司又获得了10架的订单；该批次的第一架飞机于1981年9月15日首飞，交付第899中队。

1982年马尔维纳斯群岛战争中，"海鹞"FRS.1使用的是AIM-9L"响尾蛇"导弹。1982年5月21日，战争进入白热化，"海鹞"执行战斗空中巡逻，每20分钟就有两架"海鹞"起飞。"海鹞"后来被升级到FA.2标准。

"海鹞"FA.2

类　型：单座多用途战斗机

发动机：1台劳斯莱斯公司生产的推力9752千克的"飞马"Mk.106矢量推力涡扇发动机

性　能：海平面最大飞行速度1185千米／小时；升限15545米；高空执行战斗空中巡逻任务时作战半径185千米，留空时间90分钟

重　量：空重5942千克；最大起飞重量11884千克

尺　寸：翼展7.70米；机身长14.17米；高3.71米；机翼面积18.68平方米

武　器：2门30毫米"阿登"机炮；5个外挂点，可以携带AIM-9"响尾蛇"、AIM-120先进中程空对空导弹，两枚"鱼叉"或"海鹰"反舰导弹，共可携带3629千克弹药

上图：两架瑞士产"吸血鬼"（一架T.Mk.55和一架FB.Mk.6，后者机鼻处稍有改动，安装了侦察照相机）与一架德·哈维兰公司的"毒液"编队飞行。"毒液"是"吸血鬼"的接班人。

德·哈维兰"吸血鬼"

作为英国第二种喷气战斗机，DH.100"吸血鬼"的设计工作始于1942年5月。1943年9月20日原型机首飞。1944年春天，"吸血鬼"成为盟军第一种在各种高度的飞行速度都能维持在804千米／小时以上的喷气式飞机。1945年4月，第一架生产型"吸血鬼"首飞。1946年，"吸血鬼"F.1交付第247、第54和第72中队，另有70架交付瑞典，其中一部分后来卖给了多米尼加共和国。F.1的前50架飞机安装了加压式密封座舱，并用气泡式座舱罩取代了早期的三片式座舱罩。"吸血鬼"Mk.2是在Mk.1的机身上安装劳斯莱斯公司的"尼恩"涡喷发动机，但是并没有服役，一共只造了3架。随后推出的"吸血鬼"F.3是远程型，增加了内部储油量和翼下副油箱，安装1台德·哈维兰公司的"妖精"2涡喷发动机。加拿大皇家空军购买了85架，挪威4架，墨西哥12架，印度还获得了生产许可证。F.Mk.4本来应该是安装了"尼恩"发动机的生产型Mk.2，但是后来发展为F.30/31，澳大利亚获得了生产许可证。1949年9月26日，第一架F.30交付澳大利亚皇家空军。F.30一共制造了57架，另外制造了23架FB.31战斗轰炸机，后来一半以上的F.30被按照FB.31标准加以改造。

第一种专门用于对地攻击的"吸血鬼"是FB.5——方形翼尖，海军加强版起落架，机翼也经过加强，以携带弹药。FB.6将FB.5换装"妖精"3发动机，出口到瑞士，瑞士还根据生产许可证在本国制造，瑞士空军共装备过175架该型飞机。芬兰也购买了6架"吸血鬼"FB.5，称之为FB.52，是当时芬兰空军唯一一种第二次世界大战后制造的飞机，直至1958年12架"蚊"F.Mk.1的到来。挪威皇家空军装备过FB.52，1948年装备于第336和第337中队；瑞典也装备过FB.52，用于替换老旧的Mk.1；此外，新西兰皇家空军第75中队、意大利空军和委内瑞拉空军也装备过这种飞机。1949年12月，埃及空军开始接收第一批"吸血鬼"FB.5，断断续续地交付至1956年3月，共有62架"吸血鬼"装备于4个前线中队。1950年，南非空军也开始装备"吸血鬼"FB.5，装备于第1和第2中队。"吸血鬼"FB.5在英国皇家空军中

服役至1957年，随着英国皇家空军预备役飞行中队的解散而退役。FB.6换装了功率较大的"妖精"发动机，瑞士获得了在本国制造的生产许可证。"吸血鬼"FB.9是适合热带地区使用的FB.5，英国皇家空军、新西兰皇家空军、南非空军、罗得西亚1980年4月18日后称津巴布韦皇家空军和印度空军都曾装备过。"吸血鬼"NF.10是一种夜间战斗机，曾装备于英国皇家空军和意大利空军，在意大利它被称为Mk.54。"海上吸血鬼"F.20和F.21是Mk.1的海军版，1945年12月，"海上吸血鬼"在"海洋"号航空母舰上完成甲板降落试验，仅制造了几架用于航母测试。T.11是一种双座教练机。法国是"吸血鬼"的最大海外用户，法国建造的安装"尼恩"发动机的"吸血鬼"被称为"西北风"。

德·哈维兰"吸血鬼"FB.5

类　　型：单座战斗轰炸机

发动机：1台德·哈维兰公司生产的推力1420千克的"妖精"2涡喷发动机

性　　能：在9145米高空最大飞行速度882千米／小时；升限13410米；航程1960千米

重　　量：空重3266千克；最大起飞重量5600千克

尺　　寸：翼展11.58米；机身长9.37米；高2.69米；机翼面积24.32平方米

武　　器：4门20毫米"希斯帕诺"机炮；可携带907千克炸弹或RP火箭弹

机翼后缘尾部的可拆卸尾桁，是简单的半硬壳式结构。每个尾桁中都装有控制电缆，垂尾下方安装有保险杆，在超速旋转时保护尾翼。双尾梁之间的横尾翼安装有全展升降舵。

单座型"吸血鬼"没有安装弹射座椅，紧急逃生时，飞行员打开机舱盖自行跳伞。尽管"吸血鬼"的座舱很狭窄，但由于位置较高，使飞行员拥有良好的全向视野。

"吸血鬼"FB.5和FB.9加强了机翼，缩短了翼展，以便翼下携带弹药。外侧的机翼后缘安装了副翼和内侧调整片。上下两片小型减速板整合在副翼旁边的机翼后缘。内侧是两段分裂式襟翼，尾桁两侧各一段。

这架编号XD621的"吸血鬼"是一架典型的T.Mk.11,采用了英国皇家空军飞行训练司令部的涂
装——银色机身,黄色条带。在20世纪50年代和60年代,有8所飞行训练学校使用了这种教练机。
图中这架隶属第8飞行训练学校。

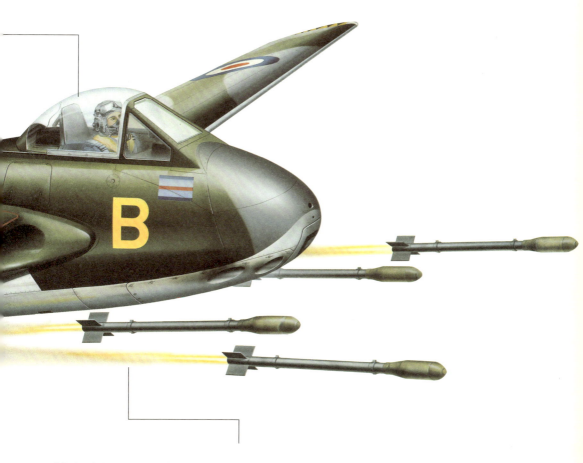

这架"吸血鬼"FB.9隶属英国皇家空军预备役第607中队,1956年至1957年间,其基地在达拉港郡乌斯敦。
1956年4月,"吸血鬼"FB.9开始替换FB.5,但是在1957年3月,英国皇家空军预备役解散。更讽刺的是,
当时英国皇家空军预备役飞行员已经开始接受驾驶后掠翼的霍克"猎手"飞机的飞行训练。

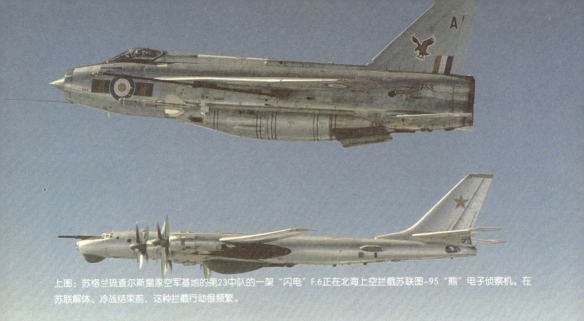

上图：苏格兰琉查尔斯皇家空军基地的第23中队的一架"闪电"F.6正在北海上空拦截苏联图–95"熊"电子侦察机。在苏联解体、冷战结束前，这种拦截行动很频繁。

英国电气公司"闪电"

英国皇家空军是世界上唯一一支从亚音速战斗机直接跳到2马赫战斗机的空军——中间没有1马赫过渡型飞机，用2马赫的英国电气公司（后来的英国飞机公司）的"闪电"直接替换了霍克公司的"猎手"昼间战斗机和格洛斯特公司的"标枪"全天候战斗机两种亚音速战斗机。英国电气公司的"闪电"以P.1A试验机为基础。P.1A首飞于1954年8月4日，安装两台布里斯托尔·西德利公司的"蓝宝石"发动机。另外制造了3架使用型原型机，称为P.1B，第一架首飞于1957年4月4日，安装两台劳斯莱斯"埃文"发动机，首飞时速度便成功超过1马赫。1958年11月25日，

上图：第5中队的一架双座型"闪电"T.5和第11中队的两架F.6。第11中队部署在林肯郡宾布鲁克皇家空军基地。1987年至1988年，宾布鲁克基地的第5和第11中队是最后两个仍装备"闪电"的中队，后来改装"台风"F.3。

176

P.1B 成为第一种速度达到 2 马赫（平飞速度）的英国飞机。此时 P.1B 被命名为"闪电"，皇家空军战斗机司令部签订了生产型的订单。1959 年 10 月 29 日，第一架生产型"闪电"F.Mk.1 首飞；1960 年 7 月，全副武装的"闪电"开始在皇家空军服役。"闪电"拥有惊人的爬升率——每分钟爬升 15240 米，并在其服役生涯中不断提升，从 F.2 和 F.3 直至 F.6。"闪电"F.6 的机翼前缘经过设计改造，以降低亚音速阻力、提高航程；与早期型号相比，内部油箱容积增加了一倍。"闪电"F.6 于 1964 年 4 月首飞，第二年开始服役。"闪电"也是最后一款纯正英国设计的飞机，它跟随皇家空军坚守北约防空一线，直至 1976 年退役。"闪电"还出口到沙特阿拉伯和科威特，称为 Mk.53/Mk.55。

所有的"闪电"都采用同样的发动机布局，侧面平坦细长是其一大特点。两台发动机上下排列，上方发动机的安装位置比下方发动机靠后。这样可以使机身横截面尽可能小，但是必须使用不同长度的尾喷管，而且一旦一台发动机发生故障，可能会连累另一台。两台发动机共用一个机头进气道，再通过复杂的、分为两叉的内部管道分别进气。上方发动机向上拆卸（在此之前先卸下机

尾伸出的尾喷管），下方发动机向下拆卸。更换一台发动机理论上需要 4 个小时，实际上可能要花费几天时间。飞机本身复杂而难以接近的系统，加上糟糕的后勤保障体系，使得早期型"闪电"使用率很低。虽然后期型"闪电"有了重大改进，但是仍然不受技师和地勤人员欢迎。在机组人员看来，"闪电"称得上是一种飞行员的飞机，但是复杂而难于掌握，即便这些困难是值得的。

为了达到 2 马赫，"闪电"机翼后掠角很大。从俯视图来看，机翼为三角翼，后掠角为 60 度，机翼前缘开有缺口，以保证涡流的完全形成。为了达到最高效率，副翼顺着气流方向安装至气流截止点。机翼还配有后缘襟翼和固定式但可拆卸的前缘（仅限于生产型）。机翼前缘很完整，仅在三分之二处开有"锯齿状缺口"，以消除副翼附近的不均匀气流。专门用于测试机翼布局的 SB.5 试验机在进行低速飞行测试时，曾遇到这个问题。后来发现，用缺口代替原来的翼刀（翼刀产生的阻力也更大），有助于重新激起顺翼展方向的气流，因此能够增加涡流产生的升力。左右两侧的机翼在机身中线的中央翼肋处对接，因此一旦飞机制造完毕，拆卸机翼时耗时又费力。机翼围绕两根翼梁制造，并用间隔较为紧密

图中这架编号 XP762 的"闪电" F.Mk.3，喷绘着第 111 中队的徽章，基地位于萨福克郡沃提夏姆。第 111 中队的"闪电"服役至 1974 年，之后开始换装"鬼怪" FG.1/FGR.2。该中队于 1961 年换装 F.Mk.1A，1964 年改装 F.Mk.3。

机头段分两部分制造，以便于安装线路、气压和液压管路。风挡和座舱罩的支架采用重型锻件，座舱罩采用拉伸性好的丙烯酸有机玻璃，风挡采用防弹光学玻璃。机头段总装时，座舱经受的压力测试是服役时可能遭到的压力的 2.5 倍。最后在座舱后部的压力隔离部位，将机头段与机身连接起来。

德·哈维兰推进器公司开发的"火光"空对空导弹最初安装在皇家海军的"海毒液"飞机上。这种导弹采用红外制导，利用目标飞机发动机喷射出的热量锁定目标。

除了费伦蒂公司的 AIRPASS 雷达，"闪电"还安装了塔康导航系统。F.Mk.2 及之前的型号装有塔康补偿显示器，飞行员可以根据自己的选择将塔康信号站"移至"别的位置，以便于在没有塔康信号站的机场利用仪表着陆。

178

的加强筋和纵梁将翼梁连接起来。机翼抗扭盒是飞机的主要内部油箱，油箱大小又受制于主起落架井占去的空间。燃料的缺乏是早期型"闪电"面临的严重问题，后来通过安装大型腹部油箱和空中加油设备才解决了这个问题。但是"闪电"的油耗仍然很高：以1110千米／小时的速度低空飞行，每台"埃文"发动机每分钟耗油91千克，正常战斗空中巡逻时间仅有12分钟。在飞机剩下726千克燃油时，飞行员就要返回基地，以防备绕行或复飞时燃油不足。

"闪电"的标准拦截程序是：迎头接敌，高度略低于目标，以便雷达上视，侧向移位（直线距离为13千米）绕至目标背后2.4千米处。因为当"闪电"在7620米高空以0.85马赫的速度飞行时，转弯半径正好是6.5千米。在这种拦截程序中，飞行员需要记住：相距40千米时雷达上的光点在机头20度角处，32千米时25度角，24千米时32度角，转弯点（19千米）时40度角。但是，转弯半径随高度和速度的变化而变化，因此飞行员要记住的弧线有很多。如果这还算不上困难，"闪电"飞行员还要测量双方接近8千米后相对位置的变化，从而计算出目标来袭角度；测量双方接近16千米后相对高度的变化，将扫描到的海拔变化量乘以10，计算出目标高度。这很重要，因为目标和"闪电"战斗机的高度差要保持在609米以内才能保证拦截的成功，战斗机最好刚刚位于目标下方。锁定目标后，雷达能够提供距离和方位角的信息，但不提供接近率。发射导弹后，"闪电"会侧向翻滚或拉起，避免被目标的残骸击中。这一程序也注定了"闪电"只能作为截击机。但无论如何，"闪电"为英国防空做出了卓越贡献。

英国电气公司"闪电"F.Mk.3

类　型：单座截击机

发动机：两台劳斯莱斯公司生产的推力7112千克的"埃文"211R涡喷发动机

性　能：在12190米高空最大飞行速度2.3马赫；升限18920米以上；航程1287千米

重　量：空重12700千克；最大起飞重量22680千克

尺　寸：翼展10.61米；机身长16.84米；高5.97米；机翼面积35.31平方米

武　器：机头安装两门30毫米"阿登"机炮；可携带两枚"火光"或"红头"空对空导弹

上图：20世纪60年代早期拍摄的巴林穆哈拉克基地第208中队的"猎手"FGA.9。"猎手"在镇压拉德凡地区反对派部落中发挥了重要作用，该中队后来被派往其他中东热点地区。

霍克"猎手"

早在 1946 年，霍克公司和超马林公司就开始研究后掠翼喷气战斗机。英国供应部发布了两份设计规范，都要求实验型飞机采用后掠翼布局。1947 年 3 月，两家公司都递交了方案，霍克公司的设计称为 P.1052。这架飞机于 1948 年 11 月首飞，性能非常出色，以至于空军人员想要直接把该型号投入生产，替换格洛斯特公司的"流星"。然而，设计按照《空军部规范 F.3/48》进一步发展，性能要求规定战斗机的主要功能是拦截高空高速轰炸机。这种战斗机被称为 P.1067。

朝鲜战争的爆发，以及担心冲突逐步升级扩大，东方和西方都加速了作战飞机的装备计划。在英国，两种新型后掠翼飞机——霍克公司的 P.1067（很快命名为"猎手"）和超马林公司设计的 541 型"褐雨燕"的原型机分别首飞于 1951 年 7 月 20 日和 8 月 1 日。皇家空军战斗机司令部同时订购了这两种飞机，进行"超级优先"生产。1954 年年初服役的"猎手"F.Mk.1 在高空机炮射击试验中，受到了发动机问题的困扰，以至于它所使用的劳斯莱斯"埃文"发动机进行了一些修改。发动机的修改、增加载油量和安装翼下副油箱——这便是"猎手"F.4，这种飞机逐步替换了驻扎在德国的第二战术空军部队的加拿大制 F-86E"佩刀"（皇家空军引进的"佩刀"只是作为过渡型飞机）。"猎手"Mk.2 和 Mk.5 安装的是阿姆斯特朗·西德利公司的"蓝宝石"发动机。1953年，霍克公司为"猎手"更换了推力10000磅的"埃文"203发动机，这种飞机被称为"猎手"F.Mk.6，于1954年1月首飞。1956年开始交付使用，F.6共装备过皇家空军战斗机司令部的15个中队。"猎手"FGA.9是根据F.6开发的对地攻击机。"猎手"Mk.7、Mk.8、Mk.12、T52、T62、T66、T67和T69都是双座教练型，而FR.10是战斗侦察型，由F.6改装而成。GA.11是为皇家海军制造的教练机。

在25年的服役生涯中，"猎手"除了装备过许多国家的空军还装备了30个皇家空军战斗机中队。荷兰和比利时获得了生产许可证；英国制飞机的主要海外用户是印度、瑞士和瑞典。印度的"猎手"参加了1965年和1971年的印巴冲突，1965年3周的空战中印度损失了10架"猎手"，1971年损失了22架，其中一部分被摧毁在地面上。各种型号的"猎手"共计生产了1972架，包括双座教练机，500架以上的"猎手"经过改装销售到其他国家。

1953年8月，霍克P.1067原型机安装了一台劳斯莱斯RA.7R加力发动机（竞赛型"埃文"），冲击飞行速度世界纪录。这架飞机的机头换上了尖锥形整流罩，于8月底飞到苏塞克斯郡坦迷尔基地进行试车。同年9月7日，霍克首席试飞员内维尔·杜克以1171千米／小时的平均速度打破了纪录。12天后，这架飞机又以1141千米／小时的平均速度创造了100千米闭路飞行世界纪录。这架飞机，即后来所称的"猎手"Mk.3，成为皇家空军博物馆的收藏品。

在"猎手"的机身上安装加力发动机，成为"猎手"的超音速改型——霍克P.1083。当原型机制造了80%时，计划被取消了。

霍克"猎手"F.Mk.6

类　　型：单座战斗轰炸机

发动机：1台劳斯莱斯公司生产的推力4535千克的"埃文"203涡喷发动机

性　　能：海平面最大飞行速度1117千米／小时；升限14325米；航程689千米

重　　量：空重6406千克；最大起飞重量7802千克

尺　　寸：翼展10.26米；机身长13.98米；高4.02米；机翼面积32.42平方米

武　　器：4门30毫米"阿登"机炮；翼下挂架可携带2枚453千克炸弹或24枚76毫米火箭弹

机头黑色雷达罩内安装了一部简单的测距雷达。战
斗侦察型"猎手"将此雷达换成前视照相机，使用
自动"眼睑"快门保护镜头不受灰尘或昆虫干扰。
机头上方、雷达罩后侧的小沟可以安装照相枪，也
作为冲压进气口。

几乎所有的单座型"猎手"都安装了可快速拆装的
机炮吊舱，内装4门30毫米"阿登"机炮。这种
机炮吊舱可以自动通风，当机炮开火时，电动操纵
的进气口将伸出。每门机炮备弹150发，可以射击
7.4秒。

机翼外侧挂架下可以携带 455 升的副油箱，或各种进攻性或者防御性武器。荷兰、瑞典和瑞士的"猎手"经常在挂架下携带 AIM-9"响尾蛇"短程空对空导弹。

图中这架"猎手"是阿曼空军的 F.Mk.73。最初这架飞机是英国皇家空军第 66 中队的 Mk.6，编号 XG255，1967 年 12 月它被改进到 FGA.9 标准，并出口到约旦皇家空军，称为 F.Mk.73A。在约旦服役 8 年后，1975 年它又被转交给阿曼，称为 F.Mk.73。这架"猎手"在阿曼空军服役至 1993 年。

上图：第二架生产型"胜利者"B.Mk.1，编号XA918，1965年3月首飞，一直作为试飞飞机使用。作为前4架B.Mk.1中的一架，这架飞机最初机身通体银色，后来改为白色，以抵抗核爆闪光。

汉德利·佩季公司"胜利者"

作为汉德利·佩季公司的最后一款轰炸机，也是皇家空军3款V轰炸机的最后一款，HP.80"胜利者"的设计很大程度上来源于第二次世界大战中德国阿拉多飞机制造厂和布洛姆&福斯公司对新月形机翼的研究。HP.80"胜利者"的原型机WB771，于1952年12月24日在博斯科比顿首飞，由汉德利·佩季公司的首席试飞员H.G.哈塞登驾驶，E.N.K.班尼特作为飞行观察员。首飞非常成功，降落时"胜利者"显示了出色的操纵性能：只要在最后着陆阶段对准跑道，它几乎可以自行着陆。当大多数飞机着陆时产生气垫，地面效应容易破坏水平尾翼产生的下洗流，造成机头下沉，为此飞行员需要给操纵杆施加向后的力；"胜利者"的水平尾翼位置较高，几乎可以消除这种效应。而且新月形机翼降低了翼根的下洗流和翼尖的上洗流，而且其正常掠翼还能形成抬头效应，有助于正确降落。

与独特的气动布局一样，HP.80的每一处结构都引人注目，它的很多特征都与以前的技术截然不同。它的机翼基本上是多梁结构，由承力蒙皮构成多个抗扭盒；机翼内侧为3梁结构，起落架外侧为4梁结构。全金属副翼由霍布森电气化启动、液压动力控制的部件操纵；机翼后缘的福勒襟翼采用液压操纵，外翼（后来被下垂式前缘取代）的两片式前缘襟翼也是液压操纵。机翼为三明治结构——蒙皮、加强筋和翼梁都采用了中间层为波纹状的铝合金板，既能增加强度，又能降低重量。翼盒延伸至发动机前方，发动机完全埋入机翼内侧；机翼内部空间足以安装更大、更强劲的发动机，而且降低了发动机着火或涡轮机破裂造成翼盒损伤的风险。外部蒙皮与机翼内部的连接多使用点焊，这在当时也是汉德利·佩季公司浓重书写的一笔。

在一次低空试飞时，水平尾翼的损坏导致了"胜利者"原型机的坠毁。第二架原型机于 1954 年 9 月 11 日首飞，随后第一架生产型 B.Mk.1 于 1956 年 2 月 1 日首飞。1958 年 4 月，第一支"胜利者"中队——第 10 中队形成战斗力，另外三支中队——第 15、第 55 和第 57 中队在 1960 年前组建完毕。B.Mk.1A

是一种升级版改型，安装了更先进的设备，如在尾部安装电子对抗设备；B.Mk.2 换装了更强劲的发动机，并增大了翼展。B.Mk.2 本来准备安装美国"天弩"空射型中程弹道导弹（IRBM），但由于该导弹计划被取消，两支中队（第 100 和第 139 中队）只好使用阿芙罗公司的"蓝钢"防区外发射导弹。"胜利者"B.(PR).Mk.1 和 B.(PR).Mk.2 是照相侦察型，这两种飞机都在第 543 中队服役。1964 年至 1965 年，早期型"胜利者"被改装成 B.(K).Mk.1 和 B.(A).Mk.1A 空中加油机；1973 年至 1974 年，27 架 Mk.2 被改装成 K.Mk.2 加油机。这些飞机在第 55 和第 57 中队服役，参加完海湾战争后，于 20 世纪 90 年代早期退役。"胜利者"共生产了 50 架 B.1/1A 和 34 架 B.2。

汉德利·佩季公司"胜利者"B.Mk.2（BS）

类　型：5 机组成员战略轰炸机／加油机
发动机：4 台劳斯莱斯公司生产的推力 9344 千克的"康威"Mk.201 涡扇发动机
性　能：12190 米高空最大飞行速度 1040 千米／小时；升限 14325 米；航程 7400 千米
重　量：空重 41268 千克；最大起飞重量 105665 千克
尺　寸：翼展 36.58 米；机身长 35.05 米；高 9.20 米；机翼面积 223.52 平方米
武　器：1 枚"蓝钢"空对地导弹（"红雪"弹头）

"胜利者"的水平尾翼只有一小部分是固定的，大部分都是活动的，作为升降舵使用。垂尾与水平尾翼连接处的子弹形整流罩安装有 ARI 18228 雷达告警接收器的天线。垂尾底部是热交换器的进气道，用于冷却 B.Mk.2 的电子对抗设备。

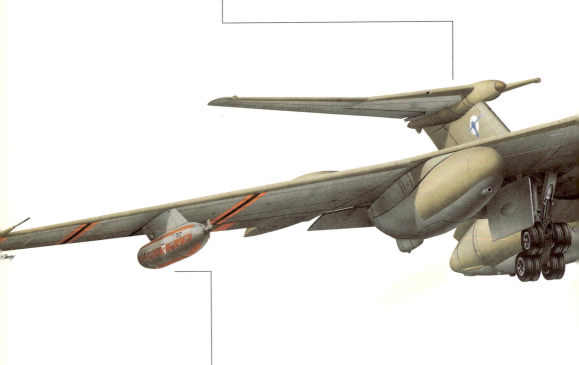

每个机翼下都安装了空中加油有限公司的 FR.20B 软管锥套加油设备，能够容纳 659 千克燃料。另有一根 15 米长的加油管，通过空气阻力释放。回收的动力由吊舱顶部的冲压空气涡轮机提供。

"胜利者"加油机机组成员沿用了"胜利者"轰炸机的 5 人标准（2 名飞行员、2 名导航员和 1 名航电设备操作员）。飞行员有弹射座椅，而其他 3 名机组成员则通过机身侧门跳伞。

在原来的炸弹舱后部，安装了空中加油有限公司的 Mk.17 软管锥套加油设备，加油管长 24.70 米，加油速度为每分钟 1814 千克，更适合给大型飞机加油。此外，该锥套在气流中的稳定性也要高于翼下吊舱的锥套。

上图：由于可以携带ASMP中程空对地导弹，"幻影"2000N取代"幻影"IVP，执行核威慑任务。"幻影"2000N装备了法国吕克瑟伊空军基地的EC01.004"多菲内"和EC02.004"拉法耶特"战斗机中队，以及伊斯特尔空军基地的EC03.004"利穆赞"战斗机中队。

5 法国

第二次世界大战结束后，曾经在 1939 年开始生产优秀战斗机的法国飞机制造业完全瘫痪，工厂被毁或被拆，设计师流失殆尽。

为了成为战后航空领域的领导者，法国面临着两项重大任务。首要任务在工业领域，重建工厂和重组设计机构；第二项任务在技术领域，为喷气时代的法国空军生产新型战斗机。但第二项任务比第一项任务更艰巨。尽管一些法国设计师在沦陷期间秘密研究过喷气式飞机，但无论是机身还是发动机设计，法国远远落后于德国和其他盟国。战争结束后，尽管很多人已经明白，只有喷气式飞机才能满足未来的高性能需求，但是一些设计师仍然坚持设计新型活塞式飞机，这只不过是在白白浪费时间和资源。

但是短短十年内，由于法国设计师的技术和智慧——特别是马塞尔·达索，原名马塞尔·布洛赫，是第二次世界大战时采用星型发动机的布洛赫 MB.151 和 152 战斗机的设计师——加上根据许可证生产的高可靠性英国航空发动机，法国生产的战斗机首屈一指。

上图：法国南部上空的一架"幻影"IIIE。第一架"幻影"IIIE诞生于1961年。机身下方携带的是"马特拉"R.530空对空导弹，这种导弹有红外制导和雷达制导两种型号。

达索"幻影"III

1945 年后的战斗机设计的成功案例之一，当属达索公司的"幻影"III。"幻影"III源于 1954 年达索的 MD550"幻影"I——"幻影"I曾与 SE"杜兰达尔"和 SO"三叉戟"一起竞争法国空军的轻型高空火箭助推截击机。MD550"幻影"I在 1955 年 6 月 25 日首飞，动力装置为两台英国希德利公司的"毒蛇"喷气发动机。1956 年 5 月，MD550"幻影"I在低角度俯冲时速度达到 1.15 马赫，加装法国西普公司（SEPR）的 SEPR66 火箭助推器后，平飞速度可以达到 1.3 马赫。事实证明，"幻影"I太小了，无法携带足够的武器载荷，两台"毒蛇"喷气发动机也缺乏足够的动力，所以达索

下图：西班牙的"幻影"IIIEE。与其他使用"幻影"战机的国家一样，西班牙也曾计划对其"幻影"机群进行升级，但是由于预算缩减，该型战机于1992年退役，取代它的是麦克唐纳·道格拉斯的F/A-18。

公司决定在它的基础上发展另一种飞机——"幻影"II，安装两台法国透博梅卡公司的配备二次加热装置的"加彼佐"喷气发动机，但是达索公司再次改变了主意。在"幻影"I进行超音速试验以前，达索公司就决定放弃"幻影"II计划，转而发展更大的型号——机身进行了放大，实际上等于重新设计，安装一台法国斯奈克玛公司（SNECMA）的配备加力燃烧室的"阿塔"101G-2喷气发动机。这种新飞机于1956年11月17日首飞，1957年1月30日平飞速度超过1.5马赫。

法国人最初希望用这种新飞机替换德国和其他北约国家空军的F-86"佩刀"，但是这些国家却选择了洛克希德的F-104"星战士"。同时，未来的战斗机

上图："幻影"IIIC的首次生产是从相当小的"神秘-三角"（Mystère Delta）研究机发展而来，以及"幻影"III（见上图）和"幻影"IIIA。"幻影"III飞机首次使用了由法国斯奈克玛公司（SNECMA）提供的阿塔尔（Atar）动力装置研发的机身。

向通用性方向发展的趋势日益明显。因此，法国政府指示达索公司发展多用途版本的"幻影"IIIA。"幻影"IIIA-01原型机于1958年5月12日首飞，在同

上图：除了当时大多数新的单座战斗机之外，还有一款双座教练机型："幻影"ⅢB。购买该样机的有法国空军、以色列空军（ⅢBJ型号）、瑞士空军（ⅢBS型号）和南非（ⅢBZ型号）。

左图："幻影"ⅢA 05号以阿塔尔9涡喷发动机为动力，是首个完成了标准化生产机身的"幻影"型号。尽管拥有机头雷达天线罩，Cyrano Ibis雷达其实并不合适。

下图：最初澳大利亚空军打算拥有当地生产的以劳斯莱斯Avon涡喷发动机为动力的"幻影"ⅢO，并且一架样机已经实行了试飞，但是最后他们还是因其简便性选择了Atar发动机。在100架样机中，除了两架，其他所有的都是由联邦航空器公司建造（Commenwealth Aircraft Corporation），这款机型一直为澳大利亚空军服役直到1988年。

下图：在2004年，巴基斯坦空军成为"幻影"Ⅲ/5家族的最后主要拥有者，它主要通过澳大利亚、法国和黎巴嫩的旧的样机各种不同的渠道来获得。

年 10 月 24 日的试飞中，它在 12500 米的高度上飞行速度超过了 2 马赫。这一系列共制造了 10 架，安装 SNECMA 公司的"阿塔"9B 喷气发动机；其中后 6 架安装了汤姆森－CSF 公司的"西拉诺"空中截击雷达。"幻影"IIIB 是 IIIA 的双座型，前后座椅上面共用一个座舱盖，但去掉了雷达，安装了无线电导航设备。"幻影"IIIB 尽管最初是作为教练机，但也可以作为攻击机，或者与"幻影"IIIA 携带相同的空对空武器。"幻影"IIIB 原型机于 1959 年 10 月 20 日首飞，生产型于 1962 年 7 月 19 日首飞。"幻影"IIIC 于 1960 年 10 月 9 日首飞，与"幻影"IIIA 类似，它安装了"阿塔"9B3 喷气发动机和 SEPR 841 或 844 火箭助推器。法国空军订购了 100 架"幻影"IIIC，装备 EC2 和 EC13 战斗机联队。以色列空军订购了 72 架"幻影"IIIC，但是并没有安装火箭助推器和导弹，1963 年交付使用的第一批装备了第 101 中队。这些飞机被称为"幻影"IIICJ，参加过阿以战争。南非购买了 16 架"幻影"IIIC，称之为"幻影"IIICZ。这些飞机于 1962 年 12 月交付使用，1963 年 4 月加入瓦特克卢夫空军基地的第 2"猎豹"中队。此后 10 年中，南非陆续引进了"幻影"IIIDZ、"幻影"IIID2Z 和"幻影"IIIRZ。20 世纪 70 年代中期，南非空军的"幻影"III 系列逐渐被"幻影"F.1 取代，一些后期型号的"幻影"III 则被改进为阿特拉斯"猎豹"。

"幻影"IIID 是"幻影"IIIO 的双座型，是澳大利亚根据许可证生产的。首批 16 架是澳大利亚"幻影"作战转换中队订购的，1966 年交付使用。"幻影"IIIE 是一种远程战术攻击机，法国空军订购了 453 架，另有部分出口。前 3 架原型机于 1961 年 4 月 5 日首飞，第一架生产型 1964 年 1 月交付使用。法国战术空军（FATAC）共装备了 8 个中队的"幻影"IIIE，此外巴西、黎巴嫩、阿根廷、

EC3/10"维克桑"战斗机中队装备的"幻影"IIIC，20世纪80年代中期部署于非洲吉布提，采用了沙漠涂装。

南非空军第2猎豹中队的"幻影"ⅢCZ。"幻影"ⅢCZ是早期"幻影"战机中少有的扩展了垂尾功能的型号；垂尾前缘安装了高频天线，侧面安装了自动测向天线。

"幻影"ⅢCZ安装的是早期"阿塔"9B发动机。喷嘴处上下两片"眼睑"，可以改变喷嘴方向。

"幻影"Ⅲ采用三角翼的一个原因是为了降低机翼相对厚度（翼根处为4.5%，翼尖处为3.5%），同时不增加生产难度（如洛克希德的"星战士"采用了超薄机翼）。

除了两门30毫米机炮，"幻影"ⅢCZ两翼下各挂载一枚AIM-9B"响尾蛇"近程空对空导弹。"幻影"ⅢCZ还可挂载南非阿姆斯科公司的V3B"库克利蜜刀"导弹。

"幻影"ⅢCZ安装的马丁－贝克ZRM4（Mk4系列）弹射座椅，速度低于167千米／小时则无法使用。

南非、巴基斯坦、利比亚、西班牙和瑞士的空军也装备了"幻影"IIIE。"幻影"IIIO是澳大利亚根据许可证在本土生产的"幻影"IIIE。澳大利亚皇家空军（RAAF）装备了50架"幻影"IIIO（F）截击机、50架"幻影"IIIO（A）对地攻击机和16架"幻影"IIID双座教练机。1976年至1980年，仍然在役的"幻影"IIIO（F）被改进为"幻影"IIIO（A）。澳大利亚的"幻影"战机装备于马来西亚巴特沃思的第3中队、达尔文的第75中队和威廉顿的第72中队。1984年澳大利亚皇家空军开始用F/A-18"大黄蜂"取代"幻影"战机，最后一架"幻影"于1988年退役。1970年西班牙空军第11联队（马尼塞斯的第111和112中队）装备了"幻影"IIIEE（第二个E代表西班牙），其中19架为"幻影"IIIEE，6架为双座型"幻影"IIIED。巴基斯坦的"幻影"IIIP参与了1971年印巴冲突。

"幻影"IIIE的另一个型号是瑞士空军的"幻影"IIIS，在瑞士服役35年，最后被F/A-18"大黄蜂"取代。"幻影"IIIR是"幻影"IIIE的侦察型，机鼻处未安装雷达，而安装了5台OMERA31全景照相机。在1982年马尔维纳斯群岛战争中，阿根廷空军的"幻影"战机与英国特遣部队交过手。

1965年，法国政府与达索公司签署了研发一种可变翼"幻影"战机的合同，即"幻影"G。"幻影"G计划与另一种英法合作的可变翼飞机计划同时进行，英法合作计划后来被取消。1967年11月18日，"幻影"G在伊斯特首飞，两个月后飞行速度超过2马赫。这种试验机共飞行了400小时，在一次事故中不幸坠毁。后来法国政府又订购了双发可变翼飞机，即"幻影"G8。该型机1971年5月8日首飞，4天后速度超过2.03马赫，但并未正式装备。

达索"幻影"IIIE

类　型：单座战术攻击机

发动机：SNECMA公司的"阿塔"9C喷气发动机

性　能：海平面最大飞行速度1390千米／小时；升限17000米；携带907千克载荷低空飞行时，作战半径1200千米

重　量：空重7050千克；最大起飞重量13500千克

尺　寸：翼展8.22米；机身长16.50米；高4.50米；机翼面积35平方米

武　器：两门30毫米DEFA机炮；可携带3000千克弹药，包括特殊武器（如核武器）

上图：由于第三代战机"幻影"2000较为复杂，法国空军在研发单座型"幻影"2000C的同时，开发了具有全部作战性能的双座教练机，即图中的"幻影"2000B。

达索"幻影"2000C

  "幻影"2000是"幻影"家族第一种使用线传飞控技术的飞机，是用来替换"幻影"F.1的截击机。英法合作的可变翼飞机和法国独立设计的可变翼飞机等计划失败后，达索公司开始研制"幻影"2000。最后一个失败的计划是ACF（未来战斗机），法国政府在1975年取消了该计划。因此，1975年法国政府给"幻影"2000的定位是：80年代中期法国空军的主力战斗机。根据政府合同，这种飞机最初是作为截击机和空优战斗机，安装一台SNECMA公司的M53涡扇发动机和汤姆森–CSF公司的多功能多普勒雷达。不久，法国人发现，这种飞机还适合执行侦察、近距离火力支援和低

上图：达索公司制作了"幻影"2000C的原尺寸玻璃模型来展示其内部构造。沿着飞机布置的发光的光导纤维能呈现单独的电线和电路。

据报道，"幻影"2000N携带的ASMP核导弹低空发射时射程为80千米，高空发射时射程为255千米。"幻影"2000N-01原型机于1983年2月首飞。

空突袭等任务，因此研制重点转移到多功能上。共制造了5架原型机，4架单座多功能原型机由法国政府出资，1架双座型由制造商出资。1978年3月10日，第一架单座型在伊斯特首飞，距1975年12月计划正式开始仅27个月。第二架于1978年9月18日首飞。第三架于1979年4月26日首飞。第四架于1980

年5月12日首飞。双座型"幻影"2000B于1980年10月11日首飞，与单座型一样，它在首次试飞时就实现了超音速（1.3～1.5马赫）。在结构强度测试中，无论是亚音速还是超音速，无论是空载还是挂载4枚空对空导弹，"幻影"2000的机身都能经受住+9g的过载和270度／秒的翻滚。早期原型机试飞时安装

本图：在"南方守望行动"中的一次出行中，2000C-S3飞机被看见在伊拉克上空，下图展示了空对空导弹和螺栓固定的加油探管。

"幻影" 2000 安装了防御性航空电子设备,包括汤姆森–CSF 和达索电气设备公司的电子对抗设备、尾翼前缘和尾舵底部整流罩中的VCM–65 显示和干扰设备。

在近距离格斗时,"幻影" 2000 使用 "魔术" 导弹,这种导弹1975 年开始服役,最初是作为追尾攻击、红外跟踪导弹,10 年后服役的 "魔术" 2 导弹,大大提高了射程,减少了发射准备时间,提高了引导头攻击能力,具有全向攻击能力。

为了完成中程空中拦截任务,"幻影" 2000 携带了 "马特拉"超 530D 导弹。该导弹由 R530(1963 年开始装备法国空军)发展而来的,可以安装红外或半主动雷达达引导头。后续发展型号是超 530F,安装于早期 "幻影" 2000,它能够更有效地攻击高空飞行的轰炸机。现在超 530D 的主要目标已经改为低空飞行的飞机。

印度空军的 "幻影" 2000H(Vajra)。虎头是第 1 中队的标志,该中队驻扎在瓜里尔 Maharajpura空军基地。第 1 中队是第二支装备 "幻影" 2000H的部队,第一支是第 7中队,这两个中队以前装备的是米格 –21。

的是 SNECMA 公司的 M53-2 发动机，1980 年换装为 M53-5 发动机。M53-5 发动机还安装在早期生产型飞机上。第一架原型机后来改装更强劲的 M53-P2 发动机，1983 年 1 月 1 日进行了改装后的首次飞行。M53-P2 发动机是为后期生产型飞机研制的。

第一架生产型"幻影"2000C-1 于 1982 年 11 月 20 日首飞，第一架生产型双座"幻影"2000B 于 1983 年 10 月 7 日首飞。1984 年 7 月 2 日，第戎的 EC1/2"鹳"战斗机中队成为第一支装备"幻影"2000C-1 的部队。"幻影"2000N 首飞于 1983 年 2 月 2 日，它被用于取代"幻影"IIIE，可以携带 ASMP 中程核导弹。"幻影"2000N 经过强化，可以在 60 米的低空以 1110 千米／小时的速度飞行。1987 年，75 架生产型交付使用。与它的前辈们一样，"幻影"2000 获得了阿联酋、埃及、希腊、印度和秘鲁的出口订单。印度空军的"幻影"2000H，又被称为"Vajra"（"雷电"）。

左图："幻影"2000B完全是战斗机，2000C的具有战斗性能的训练版本"幻影"2000B/C服役于六支法空军中队，作为空中防御角色。这款飞机大约25%作为训练机角色，然而也作为地面攻击角色，能携带MK82或者SAMP常规炸弹、ARMAT反雷达导弹和68毫米火箭弹的MATRA F4系统。

达索"幻影"2000C

类　型：单座空优战斗机、攻击机

发动机：SNECMA 公司的 M53-P2 涡扇发动机

性　能：高空最大飞行速度 2338 千米／小时；升限 18000 米；携 1000 千克载荷可飞行 1480 千米

重　量：空重 7500 千克；最大起飞重量 17000 千克

尺　寸：翼展 9.13 米；机身长 14.36 米；高 5.20 米；机翼面积 41 平方米

武　器：两门 DEFA 554 机炮；可携带 6300 千克弹药

上图：F1E机型以斯奈玛公司M53涡轮风扇发动机为动力，被作为私人风险出口战斗机发展，为了进入"世纪销售市场"。后来，为了满足北大西洋公约组织的战斗机要求，最后获胜的是F-16机型。尽管如此，当法国空军提出了对F1C机型的订单时，第二代"幻影"机型获得了更加可信的本国客户。

达索"幻影"F.1

　　"幻影"F.1单座攻击战斗机是达索公司的一次冒险。原型机1966年12月23日首飞，安装的是SNECMA公司的"阿塔"9K发动机，1967年1月7日第4次飞行时速度超过1马赫，但在同年5月18日的飞行中坠毁。1967年9月，法国政府签订了3架原型机和1架机身结构强度测试机的合同。1969年完成第一阶段的试飞。1974年年初，第一架生产型飞机交付兰斯的EC30战斗机联队。衍生型号有"幻影"F.1A对地攻击机，"幻影"F.1C截击机和"幻影"F.1B双座教练机。"幻影"F.1的机翼与传统的达索三角翼不同，它安装了复杂的高升力装置，可以使飞机在正常作战重量下，

起飞和降落距离为500米至800米。"幻影"F.1最初是作为全天候全空域截击机，因此早期生产型使用的武器系统与"幻影"III相同。"幻影"F.1获得了大量的海外订单，主要向中东地区出售。"幻影"F.1出口型可以按照后缀字母加以区分，如"幻影"F.1CK表示出口到科威特。"幻影"F.1Q是出口到伊拉克的型号，由于伊拉克政府在萨达姆·侯赛因统治期间政治立场改变，伊拉克空军的"幻影"F.1Q参加了20世纪80年代的两伊战争和1991年的海湾战争。在两伊战争期间，法国成为伊拉克的主要飞机供应商，至少出售了89架"幻影"F.1。其中29架是"幻影"F.1EQ5，安装了

上图：法国空军的"幻影"F.1CT飞过阿尔卑斯山。该型飞机是在基础型上加以改进，提升了航电设备，扩大了内部油箱。部分飞机还安装了地面数据链，执行侦察任务。

右图：第一架"幻影"F1样机保留了"幻影"ⅢE机型的短钝的整流罩，在机头上印上"幻影"F1C。以出口为设计宗旨，"幻影"F1本来是被规划成廉价的多功能作战飞机。

下图：航空电子设备是第四号样机的主要特点，它于1970年6月17日进行了试飞。这架飞机在1971年8月由电子材料组装测试部门进行了拦截和空对地火力实验，除了操纵性能其余表现均良好。

上图：第二架样机"幻影"F1原本在机头被贴上"超级幻影F1"的标签。它拥有更长的CyranoIV／"幻影"50机型的机头整流罩，但是在外形上与不幸的第一架原型机完全相同。

"龙舌兰"雷达和"飞鱼"反舰导弹。这些飞机于1984年10月交付伊拉克空军，于第二年形成战斗力。

"幻影"F.1AZ是出口到南非的型号，同时交付南非的战机有攻击型"幻影"F.1AZ和安装雷达的"幻影"F.1CZ战斗机。南非第一批订购的48架飞机中，32架是"幻影"F.1AZ，头两架于1975年4月5日交付。这笔交易有些神秘，所有的飞机（包括"幻影"F.1CZ）都装在南非空军的"大力神"运输机机舱内，空运至南非。最后一批"幻影"F.1CZ于同年7月交付。1975年10月"幻影"F.1CZ在一次航展上亮相，但13个月后人们才知道南非空军装备了该型战机。"幻影"F.1AZ是在1975年11

月至1976年10月间交付的，第一支装备该型战机的部队是第1中队。第1中队将此前装备的加拿大飞机公司生产的CL-13"佩刀"留在彼得斯堡，到沃特克鲁夫空军基地进行"幻影"F.1A改装训练。与南非空军采购"幻影"F.1战机一样神秘，第1中队直至1980年2月才公开展示自己的"幻影"F.1AZ。这两种飞机参加了进攻安哥拉和非洲西南部的反游击战争，直至1989年纳米比亚独立。在作战中，"幻影"F.1CZ击落了两架安哥拉的米格-21，但至少有1架"幻影"F.1CZ被安哥拉的萨姆导弹击伤。1992年9月，南非空军开始淘汰"幻影"F.1CZ，"幻影"F.1AZ则于1997年11月开始淘汰。

南非空军的"幻影"F.1AZ机鼻下方的凸起安装的是汤姆森-CSF公司的TMV-360激光测距仪，能够在执行对地攻击任务时准确测量距离。它还安装了固定式空中加油管。

上图：一架早期的F1形成了"幻影"ⅢG多样外形中的一种。"幻影"G家族，就像F家族一样，是从原型"幻影"Ⅲ号进行扩大的设计来满足法国空军对新的战略战斗机/拦截机的需求。可变翼飞机"幻影"ⅢG被感觉到拥有巨大的潜力，几种子型都为法国航空部队规划了，包括单发和双发发动机设计，甚至一个航空母舰战斗机。法国空军要求将战斗机强加于拦截机上，F1从一系列探索了垂直起降和可变几何外形的优势中开发而来。

达索"幻影"F.1AZ

类　型：单座多用途战斗机／攻击机

发动机：SNECMA 公司的"阿塔"9K-50 发动机

性　能：高空最大飞行速度2350 千米／小时；升限 20000 米；携带最大载荷可飞行 900 千米

重　量：空重7400 千克；最大起飞重量 15200 千克

尺　寸：翼展8.40 米；机身长 15.00 米；高 4.50 米；机翼面积 25 平方米

武　器：两门 30 毫米 DEFA 553 机炮；可携带 6300 千克弹药

垂尾前缘和后方的天线是汤姆森-CSF公司的BF雷达告警器。侧面盖子是与垂尾侧面平行的盘形天线。

"幻影" F.1AZ 的基本武器有两门内置机炮，机身下方有多个外挂点。图中所示，"幻影" F.1AZ 的翼尖发射导弹机可以发射 V3B "库克利马刀" 和 V3C "标枪手" 空对空导弹。

南非空军驻扎在霍德斯普鲁特的第1中队装备了"幻影" F.1AZ（Z代表南非）。南非空军的最后一架"幻影" F.1于1997年退役。

"幻影" F.1A 战斗轰炸机在机鼻处安装了1部小型 EMD "阿依达" 2测距雷达。该雷达的天线是固定的，可以对 16° 视野范围内的目标进行自动搜索、测距和跟踪。数据显示在飞行员的陀螺瞄准器中。

"幻影" F.1AZ 机鼻下方的凸起安装的是汤姆森-CSF 公司的 TMV360 激光测距仪，能够在执行对地攻击任务时准确测量距离。

上图：第一个双座"幻影"F1B样机——一架转换和延续训练机——的顾客是科威特，而不是法国。先前对"幻影"ⅢB和ⅢD非常满意，但是当F1B几乎可行的时候，法国空军却改变了主意。

上图：同时承担空中拦截和地面攻击任务，飞行中队的F1JA与F1E很相似。这些飞机目前正在进行一个升级项目，主要改进在于使得它们能携带8个以色列P-1炸弹。

上图：法国空军仅预订了数量有限的F1B双座转换训练机，这些飞机直到一些转换为单座操纵系统后才被运送到法国空军中队。

上图：F1的五个改型服役于西班牙空军：F1CE，-BE，-DDA，-EDA和-EE机型。图中飞机机身漆上了最新采用的浅灰色空中防御颜色系列。

上图：法国空军在内华达的内利斯空军基地进行空气军演的照片。这架法国F1CR显示出突出的机头下方整流罩外壳上的飞机的全景相机。这架F1CR也能在中央机身外挂架上携带拉斐尔SLAR 2000系统。

上图：图中是达索"神秘"IV的原型机，它在法国、以色列空军的作战中证明了自己。尽管是作为截击机设计的，但它也适合作为战斗轰炸机使用。

达索"神秘"IVA

第二次世界大战结束后的最初几年，法国空军不得不购买国外的喷气式飞机，如德·哈维兰的"吸血鬼"战斗机。但情况在 1949 年 2 月 28 日发生改变，马塞尔·达索放飞了法国人自己的第一架喷气式飞机——达索 MD.450"飓风"。这种飞机的研发始于 1947 年 11 月，使用劳斯莱斯"尼恩"102 喷气发动机（法国西斯帕罗·苏扎公司根据许可证生产的），它是法国第一种批量装备的喷气式战斗机，自 1952 年后法国空军共装备过 350 架。MD.450"飓风"还出口到印度，被称为"旋风"。以色列也订购了 75 架 MD.450"飓风"，尽管它性能不如埃及空军的主力战斗机米格 -15，但其对地

攻击性能还不错。

达索 MD.452"神秘"IIC 于 1951 年 2 月 23 日首飞，是后掠翼版的 MD.450"飓风"。法国空军购买了 150 架"神秘"IIC，1954 年以色列本来也打算购买，但是鉴于"神秘"IIC 糟糕的飞行记录——法国空军的多架早期型"神秘"IIC 因结构损坏而损失，以色列转而购买更为可靠的"神秘"IV。

达索"神秘"IV 无疑是同时代最好的战斗机之一。尽管是由"神秘"IIC 发展而来，但实际上是一种全新的设计。"神秘"IVA 是其发展型号之一，原型机于 1952 年 9 月 28 日首飞，早期试飞非常成功，因此在 6 个月后，即 1953 年 4 月，法国

在1956年的西奈战役中，法国空军的"神秘"IVA部署在以色列协助其作战，但是采用以色列涂装。它们主要担任防空任务，法国空军的F-84"雷电"则负责攻击埃及的机场。

政府订购了325架"神秘"IVA。印度购买了"神秘"IVA；以色列也于1956年4月购买了60架，用于替换以色列空军的格洛斯特"流星"F.8。1958年第421架"神秘"IVA下线，该型机从此停止生产。法国实际购买了241架神秘IVA，其中225架由美国付款(海外采购计划)。最初的"神秘"IVA装备于EC2、EC5和EC12战斗机联队，用于防空作战，后来北非的EC7和EC8战斗机联队也装备了"神秘"IVA，主要作为战斗轰炸机。除了前线战斗机联队，一些训练单位也装备了"神秘"IVA，如普罗旺斯地区萨隆的312初教大队（空军飞行学院)和图尔斯的314高教大队(战斗机航空学校)。

以色列购买的60架"神秘"IVA用于防空作战，1956年5月交付的24架战机给了第101中队，时值西奈战役，据说在作战中击落了7架敌机。同年8月，又有36架交付以色列，其中1架安装了侦察设备，第109中队于同年12月列装

这批飞机。随着20世纪60年代以色列开始装备"幻影"III，神秘开始担任战斗轰炸机的角色，如1967年的六日战争。70年代该型机被淘汰。继"旋风"之后，印度购买了110架"神秘"IVA，第1中队于1957年装备了第一架"神秘"IVA。"神秘"IVA参加了1965年的印巴战争，第3和第31中队将其作为攻击机使用。1973年第31中队的最后一架"神秘"IVA退役。

"神秘"IVB是"神秘"IV的另一发展型号，使用劳斯莱斯RA7R喷气发动机，它是法国第一种在海平面高度飞行速度超过音速的飞机。它是达索下一款战斗机——"超神秘"B.2的实验平台。"超神秘"B.2是"神秘"IVA的超音速后继者，机翼更薄、后掠角更大，改进了进气道和座舱。以色列空军装备过该型机，在六日战争前的小规模冲突中击落了几架埃及的米格-17，但自身也损失了6架。

进气道分流板有一个小凸起，用以安装
测距雷达天线。发射器、接收器和电池
则安装在进气道上方、风挡前方。

大批量装备时，全部是金属质银色
涂装，并喷有各中队的标志，后期
才使用迷彩涂装。

鼻轮两侧的 30 毫米 DEFA551 机炮是神秘的主
要武器。每门机炮备弹 150 发。弹药储存在机
身两侧的垂直弹仓内，通过供弹滑道供弹。机
身外凸出的整流罩用来收集弹壳，烟雾则通过
百叶窗排出。

达索"神秘"IVA

类　型：单座多用途战斗机／攻击机

发动机：法国西斯帕罗·苏扎公司生产的泰／韦尔东喷气发动机

性　能：最大飞行速度 1120 千米／小时；升限 13750 米；航程 1320 千米

重　量：空重 7400 千克；最大起飞重量 9500 千克

尺　寸：翼展 11.10 米；机身长 12.90 米；高 4.40 米

武　器：两门 30 毫米 DEFA 551 机炮；可携带 907 千克弹药

这是 EC1/8 战斗机中队的"神秘"IVA 战机。该中队于 1960 年在奥兰接受神秘 IVA 改装训练，不过后期主要是作为教练机。该中队 1979 年开始改装阿尔法喷气战机。

为了安装泰／韦尔东离心式发动机，"神秘"IVA 机身后段要足够粗大。为此，机翼后缘与机身连接处之后的机身后段被整体替换。

上图：图中是"阵风"－A技术验证机。英国宇航公司为欧洲战斗机制造了一架EAP验证机，法国也采取了同样的方式。1986年7月4日，"阵风"－A首飞，距离计划开始仅3年。

达索"阵风"

法国最初是共同研发欧洲战斗机的团队成员之一，但在研发早期就退出了，转而研发自己的21世纪战斗机。这一成果便是达索"阵风"。1983年法国提出的ACX（实验战斗机）方案透露了其主要特征，当时法国称该型机将于20世纪90年代替换法国空军装备的欧洲战斗教练机和战术支援飞机制造公司（SEPECAT）生产的"美洲虎"战机，而ACM（海军战斗机）则将成为法国海军新一代核动力航空母舰的主力舰载战斗机。这种战斗机的尺寸比"幻影"2000略大，达索希望它成为多用途飞机——既能在空对空作战中击落任何目标，从超音速飞机到直升机，又能够向650千米外的目标

本图："阵风"-M是"阵风"的海军版,用于替换法国海军老迈的F-8E"十字军战士"。与法国空军一样,法国海军的采购数量也大大减少。

投掷3500千克的炸弹或其他弹药。它能够挂载至少6枚空对空导弹,并在较短的时间间隔发射;还能够发射光电制导和先进的"发射后不管"巡航空对地武器。作战时的高机动性、大攻角飞行能力、起飞和降落时的最佳低速性能,都是基本的设计目标。这使得达索最终选择了复合三角翼、前置可动鸭翼位置高于主翼、双发动机、半腹部的全新进气道和单垂尾。为了保证推重比高于单发

左图:1998年11月24日,达索第一架生产型"阵风"B.301首飞。"阵风"是用来取代法国空军的SEPECAT "美洲虎"战机。法国最初计划订购250架"阵风",但这一数量被大大削减了。

本图：1994年2月24日，由"阵风"－A技术展示机领衔5架战机留下了这张家族合影。随后推出的4架原型机比"阵风"－A体积稍大，包括：1架单座机（C 01），编入空军；1架双座机（B 01）和两架单座机（M 01和M 02），编入海军航空兵。

战斗机，达索决定在机身大量使用复合材料（如碳纤维、硼纤维和凯夫拉）、铝锂合金和最新制造工艺（如钛成分的超塑性成形及扩散结合）。人体工程学研究表明，在飞行测试期间飞行员座椅应当有 30 ~ 40 度的倾角，并且装备包括侧杆控制器、广角全息平视显示器（HUD）、平视显示器（这样视线就不必在 HUD 和仪表盘之间来回移动）和多功能彩色显示器。

ACX 的全尺寸模型在 1983 年的巴黎航展上亮相，但两年后在同一地点又展示了新的模型，与第一个模型相比，有很多重大改进。达索公司改进了进气道，提升了发动机进气效率，进而提升大攻角飞行性能；将机身截面改为 V 形，省去了中心体和其他可动部件。垂尾的尺寸也减少了。最终设计显示出的飞机轮廓是：悬臂式中单翼加复合三角翼，大部分机翼材料为碳纤维，机翼后缘的三段式全翼展副翼也采用了碳纤维。

与欧洲战斗机一样，法国人也为"阵风"制造了一架技术验证机，即"阵风"－A，该机于 1986 年 7 月 4 日首飞。"阵风"使用的是 SNECMA 公司 M88－2 增压涡扇发动机，每台发动机推力为 7450 千克。"阵风"分为 3 种类型："阵风"－C 是为法国空军研制的单座多用途飞机；

达索“阵风”-C

类　型：单座多用途战斗机

发动机：两台 SNECMA 公司生产的 M88-2 涡扇发动机

性　能：高空最大飞行速度 2130 千米／小时；升限保密；执行空对空任务的作战半径是 1854 千米

重　量：空重 9800 千克；最大起飞重量 19500 千克

尺　寸：翼展 10.90 米；机身长 15.30 米；高 5.34 米

武　器：1 门 30 毫米 DEFA 791B 机炮；可携带 6000 千克弹药

上图：由于攻击性作战任务的工作量对于仅有一名飞行员的单座机有些不堪重负，海湾战争后，法国空军设计师吸取“阵风”的战斗经验，对“阵风”-B型双座机的要求做出修改（之前作为具备空战能力的教练机使用），使之能够适应攻击性作战任务。

右图：“阵风”的驾驶舱（图示飞机编号 M 01）是世界上最先进的座舱之一，充分采用了触摸屏和“手置节流阀和操纵杆”技术。主显示屏是由三块多功能大显示屏和一款大角度、单玻璃平视数字显示屏构成。该显示屏拥有前视红外成像能力，为飞行员夜间作战“开了一扇窗户”。

法国海军的"阵风"－M与空军的"阵风"－C有80%的机身和设备通用，95%的系统通用。1991年法国海军在这一计划中的投资比例由25%降至20%。

法国梅西埃－道蒂公司提供的三点式液压起落架，主起落架为单轮，通过液压转向的前起落架则为双轮。起落架向前收起，能够承受3.0米／秒的垂直冲击，海军版本则能承受6.5米／秒。

"阵风"使用了马丁－贝克公司SEMMB Mk16F型零－零弹射座椅，后倾角为29度。萨利特殊产品公司的气泡形座舱盖嵌接在机身右侧，向右侧开启，座舱盖镀有黄金薄膜，可以降低雷达反射。

为了加快研发和生产进程，法国海军早期期装备的"阵风"只能作为轰击机，既无头盔瞄准具，也无语音命令控制系统。完全意义上的攻击型"阵风"用于替换"超级军旗"。

"阵风"的设计特点是机身中部很薄的三角翼外加全动鸭翼，扁豆状的进气道，没有激波锥。

"阵风"的RBE-2下视／下射雷达能够同时跟踪8个不同目标，并自动进行威胁评估和优先等级等处理。

上图：作为海军首架投产机，"阵风"-M1与单座的C型机在机构、系统等方面保持了80%的相似度。最初的软件标准使战机在执行空防任务时，能同时攻击多个目标。后来F1.1标准软件增加了"米卡"空空导弹和与E-2C通信数据链。

"阵风"-B是双座型；"阵风"-M是为法国海军研制的。它采用了数字线传飞控技术，放宽静稳定性和安装有语音命令控制系统的电子化座舱。线传飞控系统具有自动化自我保护功能，能够在任何时候避免飞机超出设计极限。系统还具备故障时的功能重组功能，采用了光纤技术，加强了核条件下的防护。由于复合材料和铝锂合金的广泛使用，整体重量减轻了7%～8%。作为攻击机使用时，"阵风"能够携带一枚法国宇航公司的ASMP核巡航导弹；作为截击机使用时，"阵风"能够携带8枚红外或主动雷达跟踪制导空对空导弹；执行对地攻击任务时，一般配置是6枚227千克炸弹、2枚空对空导弹和2个外挂副油箱。"阵风"能够使用全部北约制式空对空和空对地武器。内置武器是右侧发动机处的30毫米DEFA机炮。"阵风"高空最大飞行速度2马赫，低空最大飞行速度1390千米／小时。法国计划在2015年前装备140架"阵风"（2002年，空军订购了60架，海军订购了24架"阵风"-M），将其作为国土防空的主力。"阵风"携带12枚250千克炸弹、4枚空对空导弹和3个外挂副油箱，进行低空突袭时的作战半径是1055千米。达索公司极力向新加坡、沙特阿拉伯、韩国和阿联酋等潜在客户推销"阵风"，但面临着欧洲战斗机和瑞典"鹰狮"的激烈竞争。

上图：为14架阿根廷海军航空部队的第1架"超级军旗"飞机在1981年在法国优先交付。5架飞机在马岛战争开始时已完成了交付，被用作预备机。其他的摧毁了两艘英国战船。

达索"超级军旗"

达索"军旗"（标准型）设计于20世纪50年代中期，最初是为了竞争战术攻击战斗机计划，但输给了意大利的菲亚特G.91。然而由于"军旗"出色的飞行品质，法国海军授予了达索研发合同——当时法国海军正在寻找一种攻击机，同时能够执行高空拦截任务。海军版"军旗"IVM-01原型机1958年5月21日首飞，安装一台SNECMA公司"阿塔"8B喷气发动机，10月接受军方测试。1962年1月18日，首批69架生产型"军旗"IVM交付海军航空兵，之后"军旗"IVP侦察／加油机也加入现役。法国曾计划用海军版SEPECAT"美洲虎"替换"军旗"，但法国海军拒绝这一方案，接受升级版"军旗"的方案。达索"超级军旗"于1974年10月28日首飞，安装一台SNECMA公司"阿塔"8K-50喷气发动机，担任低空攻击任务，主要用于反舰。1981年阿根廷购买了14架"超级军旗"，1982年5月至6月前交付的5架"超级军旗"配备了"飞鱼"空对舰导弹，击沉

下图：阿根廷海军的"超级军旗"。作为一种出色的攻击机，携带"飞鱼"导弹的阿根廷"超级军旗"在马尔维纳斯群岛战争中重创了英国特遣部队。

上图：与之前的军旗系列飞机外观一样，图为一架早期的"超级军旗"慢慢滑行入位准备起飞。这架飞机（NO.10）属于第11舰队的第一个操纵飞行中队。

下图：很大程度上选择"超级军旗"是出于政治原因，优先于英法的"捷豹"海上改型飞机。"超级军旗"尽管飞行速度很快，但是在携带武器时活动半径非常小。

了英国皇家海军42型驱逐舰"谢菲尔德"号和集装箱船"大西洋运送者"号，证明了"超级军旗"的效能。"超级军旗"经过的实战检验远不止这两次毁灭性攻击，它还在20世纪80年代的两伊"油船战"中大显身手。

"超级军旗"的基本反舰武器是法国宇航公司的AM39"飞鱼"空对舰导弹，一般配置是：在右机翼内侧挂架下携带一枚"飞鱼"，左侧需携带一个副油箱来平衡重量。1975年"飞鱼"MM38舰对舰导弹服役，1979年"飞鱼"AM39空对

"超级军旗"使用 SNECMA 公司"阿塔"8K-50 喷气发动机，比"军旗"的推力增加了 336 千克，因而也就有了性能提升空间。这种发动机与"幻影"F.1 安装的发动机基本相同，只是增大了尾喷管。但是其燃油效率却低于前任，因此，"超级军旗"一般都要携带外挂副油箱。

"超级军旗"服役时间超过 20 年，远超计划服役期，它将被达索"阵风"取代。图中这架"超级军旗"曾隶属于法国海军 14F 中队（现已解散），其基地在朗迪纳维肖。

"超级军旗"最初携带 AN52 战术自由落体核武器，1.5 万吨 TNT 当量，后来被 ASMP 中程核导弹取代。图中飞机携带的是 AM39"飞鱼"。

"超级军旗"的汤姆森-CSF 公司/EDS 公司"龙吾兰"雷达重量轻，能够探测 40 千米内的巡逻艇，19 千米内的战斗机，由座舱左侧的侧杆控制。

舰导弹服役,最初"飞鱼"AM39专用于"超级军旗"携带,后来"幻影"F.1也可携带。阿根廷海军第2战斗攻击机中队共发射了5枚"飞鱼"AM39,但其库存不足,英国皇家海军还算走运。1980年至1988年两伊战争中,伊拉克的"超级军旗"和"幻影"F.1EQ发射了100余枚"飞鱼"AM39;1987年5月,"幻影"发射的两枚导弹意外击中美国海军"斯塔克"号护卫舰。法国的"超级军旗"还参加过前南斯拉夫和黎巴嫩地区的作战行动。

法国海军的"超级军旗"在"查尔斯·戴高乐"、"福煦"和"克里蒙梭"航空母舰上服役,在2010年被达索"阵风"取代。"超级军旗"是法国海军舰载航空兵的主力。法国海军12F中队的F-8E"十字军战士"最先被"阵风"-M取代,2006年法国海军11F中队的"超级军旗"也被"阵风"-M取代,2010年法国海军17F中队也被改装。另一支装备"超级军旗"的部队——法国海军14F中队则于1991年因经济原因被裁减。

除了常规武器,"超级军旗"还能够携带1.5万吨TNT当量的AN52核武器。内置武器是两门30毫米DEFA机炮,还可以携带"魔术"空对空导弹自卫。

达索"超级军旗"

类　型:单座舰载攻击机、截击机

发动机:1台SNECMA公司生产的"阿塔"8K-50喷气发动机

性　能:低空最大飞行速度1180千米/小时;升限13700米;携带一枚"鱼叉"导弹和两个副油箱时,作战半径是850千米

重　量:空重6500千克;最大起飞重量12000千克

尺　寸:翼展9.60米;机身长14.31米;高3.86米;机翼面积28.4平方米

武　器:两门30毫米DEFA 791B机炮;可携带2100千克弹药;两枚"飞鱼"空对舰导弹;马特拉公司的"魔术"导弹